U0121547

新文京開發出版股份有限公司

NEW
WCDP　新世紀・新視野・新文京－精選教科書・考試用書・專業參考書

彩繪造型設計

—— 髮型、化妝、彩繪等整體造型設計畫

Illustrations for Style Design

5th Edition
第五版

呂姿瑩｜著

Lu Tzu-Ying

五 | 版 | 序
PREFACE

欣聞拙著得以五版，一方面很感謝讀者們長期的支持與喜愛，來自於各學校美容、美髮、時尚造型等相關科系師生的肯定，及新文京開發出版股份有限公司以優質的印刷與行銷呈現，使本書今日得以第五版出版問世。本書深受在彩繪與整體造型設計領域的同好朋友們的厚愛，並不斷給予鼓勵的力量，心存感謝之餘，共同在整體造型領域研究及開發而努力，使藝術美學結合美容時尚造型有精進與創造的未來。

五版內容維持時尚造型設計畫的實作繪製技巧呈現，將實用的設計原理與範例作品集合本書當中，章節內容包含了美的流行史、彩妝設計、髮型設計、服裝設計、配飾設計、指甲彩繪等整體造型設計畫為主軸的作品，以作為美容與流行造型設計等相關科系的學生們，在學習造型素描畫的練習與表現技巧，與從事造型創作設計靈感來源的參考書。

由於世界的流行趨勢，豐富的造型美學不只反映現代人們的夢幻與想像，有關時尚設計相關領域科系與職業證照林立，在彩繪與造型設計領域呈現各種藝術活動與作品亦求新求變，無論是新娘造型、影劇造型、形象顧問設計等有多面向的技術性與開創性，結合了化妝彩繪、髮型設計、創意面具、美甲美睫、藝術芭比娃娃、珠寶頭飾等整體造型，豐富感官的視覺造型，展現各種美的創意，表現時代新感性與蓬勃的商機。

隨著近年來網路媒體的流行，動漫人物造型創作(anime cosplay)、遊戲角色與裝置造型創作、特殊戲劇化妝與特效，造型設計畫無論在觀念、材質、形式、風格、技巧皆創意取向，反映積極而日新月異的的人文，包括了各種文創事業崛起、人性化設計與生活，大眾流行文化、皆創造美的生活條件與環境，對美的認識找回屬於獨特性的價值。隨本書的五版自序，希望能幫助年輕學子精進彩繪與造型的素養與能力，未來能在國際時尚界有展望的表現。

流行彩繪與造型藝術設計產業近來受現代社會的重視，美容時尚與造型設計師也能擁有站上國際舞臺的機會，並創造自有品牌，獲得不錯的社會地位、榮譽與經濟條件，也因此促使年輕學子投身於彩繪與造型設計等相關行業者多，學習流行與造型藝術設計領域是前景無限看好的。作者在本書第五版再版問世同時，感謝前輩與後進的不斷鼓勵與支持，以求本書能更臻讀者的滿意和肯定，也懇請繼續愛用與支持本書，未來在共同的努力下，使彩繪與造型設計相關產業精進發展、更上層樓。

呂姿瑩

謹序於嘉南藥理大學 化粧品應用與管理系

|目|錄|
CONTENTS

Introduction to
Style Aesthetics

造型藝術
美學概說

人類對於美的追求是從未間斷過的。造型藝術美學也
隨時代、道德、技術而發展，豐富多變。

1.1-1 造型藝術美學概說 西方之美

圖1-1　男女膚色明顯差異，其強調眼部的特殊化妝法，是埃及式造型特色。
約1450 B.C.的埃及男女塑像。

　　當我們看到大自然界中盛開的花朵，絢麗的彩霞，無垠的綠野，閃耀的星河，晶瑩剔透的白雪，都可能興起「美」的感動。用心靈與情感去體會，才能感覺到「美」的存在，其實就在不遠的身邊。我們可以對許多「美」的事物在內心世界裡產生精神上愉悅的感受，那便是一種「美」的經驗，

「心」的感動。「美」也是存在人的世界中的，當我們看到可愛嬌嫩的嬰孩，可以感受到童稚之美；我們在身手矯健的青年人身上感受到活力十足的青春之美；甚至我們在慈愛的老祖母遍佈皺紋的臉龐，感覺到一生的辛勞與滄桑，都可以是對「美」的共鳴與感動。

美並沒有一個標準適用在每個人身上，從人類的歷史來看，對美的追求是從未間斷過的，對於造型藝術的探討，就不同的時空環境，以及民族性格的差異，造就了多樣的風情，造型藝術的豐富多變，在人們追求美的熱情中，隨時間的演進，流行不斷更迭，未曾停止，而美的藝術標準也隨著時代、道德、技術而發展。

● 古埃及人藉由造型顯示權利與地位

早在古埃及，法老時代的造型，有關身體的裝扮化妝及飾物都具有象徵性的作用，以顯示權利與地位，例如，埃及人在身體抹上一種金黃赭色的彩色塗油，並在臉部使用化妝品彩繪，眼部塗黑眼線墨以魚的形狀向眼角延伸，及研碎寶石製造出各種強烈色調的眼影，再加上烏黑細長的眉毛，那埃及人獨特的眼部化妝，象徵著如其崇拜的聖鷹之眼，警覺敏銳。仕女穿戴髮辮編成的假髮，髮辮尾端以金線或飾物裝飾，就如傳說中埃及豔后的美麗形象，成為舉世聞名的埃及式造型。

圖1-2 約1330 B.C.《埃及圖坦卡曼王及王后》木製品、鍍金、著色，開羅美術館·埃及。

● 希臘人追求協調與勻稱—自然之美

圖1-3　約400 B.C.希臘的大理石浮雕。
國立考古學博物館‧雅典。

圖1-4　希臘重視自然和諧的體態美。190 B.C.《希臘雕塑—勝利女神》大理石，巴黎羅浮宮博物館‧法國。

當埃及閃耀著華麗的光采之時，希臘時代的代表—維納斯女神反映出一種高雅、自然、優美的型態。古希臘的美較不重視在人體肌膚的化妝，也不在於以人工或令人痛苦的方式雕琢身體（註一），藉由形成自然美的體能運動，以達到自然和諧的體態美。希臘化時代（西元前三至一世紀），希臘人的型態追求整體與局部的協調與勻稱，也不強調多變的化妝色彩，認為濃妝豔抹會破壞自然的樸質，天生自然的清澄之美才是美麗的本質。

圖1-5　西方文藝復興時期崇尚典雅大方之美。文藝復興時期玻堤且利《維納斯誕生》森林女神，烏菲茲美術館，義大利・佛羅倫斯（局部）。

● 中世紀的西方社會審美觀—青春之美

　　中世紀的西方社會趨向封建保守，一切的裝扮與當時基督教神學中的道德論有很大的關係，厭惡脂粉所帶來造作的色彩，身體與面容局限在一種崇尚樸實無華的禁慾主義之中。中世紀的審美觀是含蓄、單純、儉樸的，所謂的美貌是指青春之美，當時所追求的美感是有如百合花般嬌柔的型態，例如，額頭必須高聳寬闊，眉毛更被認為是幻覺莫需有之物，以凸顯有如天使般平滑光亮的面容。

圖1-6　中世紀追求樸素嬌柔型態。1434年姜‧范‧艾克《阿諾菲尼的婚禮》嵌板畫，國立美術館‧倫敦‧英國。

圖1-7　中世紀認為高聳寬闊的額是美女的必要條件，追求樸實無華的面容。阿雷索‧巴勒多維內提《黃衣少婦人像》油畫，倫敦國家畫廊‧英國。

圖1-8　繁複的華麗裝扮為巴洛克風格。1622年魯賓斯《瑪莉‧底‧美迪奇登陸馬賽港》油畫（局部）。

圖1-9　巴洛克時代婦女盛行在雙頰上以胭脂抹上紅暈，如圖法王路易十五的女兒昂里埃特夫人便抹得很鮮豔。1754年強馬克‧納提耶作品，凡爾塞宮。

圖1-10　巴洛克時代兩位在交談的女性，華麗繁複的妝扮，臉上貼有流行的假痣。17世紀尼古拉‧阿赫努的版畫作品，法國巴黎國家圖書館。

● 十七、十八世紀華麗的巴洛克風格—人造之美

　　相對於西方社會在中世紀的保守造型，以十七、十八世紀法國宮廷為典範的巴洛克風格，則是華麗繁複的造型。在享樂主義的風氣指引下，宮廷貴族奢靡之風盛行，特別重視假扮，准許奇異誇大的化妝，婦女裝扮華麗繁瑣的服裝，對嬌小而纖細可愛的身材情有獨鍾，並用隱藏式的緊身衣來控制身材，使其凹凸有緻。梳理繁複高聳的髮型，穿戴白色的假髮，化妝方面，紅色的胭脂十分盛行，流行在臉上塗鉛白，雙頰抹紅，剪成新月、星星等假痣風行一時，當時對於人造之美的狂熱，勝過回歸自然的理想。

● 十九世紀初─健康光明之美；十九世紀中葉─病態頹廢之美

十九世紀初拿破崙的帝國時期
回歸自然主義，短暫地崇尚健康光
明之美。十九世紀中葉，浪漫主義
風潮激起人們內心熱情的陶醉，開
創一種新的美的典型，病態頹廢之
美。整個人不修邊幅，面容有如幽
靈般的雪白、消瘦且慵懶無力、凹
陷的臉頰黑眼圈，憂鬱沉思的面容
表現出高貴不凡的藝術家氣質，成
為一種時尚造型。

圖1-11　反映浪漫主義，當時開創一種蒼白消瘦
的病態美，流露出一種深邃崇高的眼神，與憂鬱
沈思的面容。卡本爾(A. Cabanel)《伯爵夫人畫像》油
畫，奧塞美術館‧法國。

圖1-12　流露出疲態與
慵懶、蒼白嬌弱，如皇
后約瑟芬為具代表的病
態美。1805年皮耶保羅‧普
若東作品，巴黎羅浮宮博物
館。

● 二十世紀─生活藝術的現代美

二十世紀、二十一世紀追求健康身體的現代美，美應是屬於生活的藝術，普及至大眾的日常生活，隨著現代化科技進步，化妝品工業發達，各種保養品、美容用品、彩妝產品日新月異使化妝造型尋回它美的價值。「美」成了政治、經濟、社會性的形象，一個充滿活力，並突顯獨特氣質與個性之美的造型，成為現代人追求的目標。人們更加藉由整體的造型表現其社會地位（學生、上流社會、新潮派、電腦族、影歌明星等），或依場合節慶等反映較誇張的造型設計，使整體造型化妝不再只是改善缺陷、美化的功能，更有多采多姿的創作性，創造異樣的風情，使造型化妝列為一門藝術。甚至，人體彩繪誕生於1970年代，將面孔及身體提為活動的繪畫之列，依據創作者的靈感與巧思，從事藝術創作。

圖1-13　人體彩繪為彩妝藝術增加戲劇性。地亞科諾夫（畫家色耳吉）化妝《摩赫·舒曼及模特兒馬雅》。

1.1-2 造型藝術美學概說 東方之美

　　至於東方，中國古代婦女也很懂得妝飾，在臉上、髮上、耳上與服飾都打扮得相當講究，無論是不同朝代，淡妝濃抹，各有其風華美麗。就髮髻的形式就有各種不同的花樣，挖空心思設計與改變，在髮間以雕刻紋飾的飾品裝飾，有各種的金玉簪釵，步搖、梳子等裝扮。在臉上的化妝，古人的審美觀欣賞皮膚白晰，所謂「一白遮三醜」，在兩頰施胭脂，在唇上點上赤紅胭脂，即現代的口紅，以增添嫵媚嬌柔。

圖1-14　唐代的仕女畫表現了宮廷貴族婦女之美。唐代周昉《簪花仕女圖》遼寧省博物館（局部）。

圖1-15　描寫唐代仕女在搗練絲絹紡織衣裳的情況，可見當代盛行「三白妝」，盤高髮髻與貼花鈿的妝束。傳為唐代張萱《搗練圖》波斯頓博物館，美國（局部）。

● 唐－圓潤而富麗之美

　　唐代國勢強盛，社會風氣開放，婦女的造型裝扮追求變化、崇尚時髦，從各種的眉型、點唇式樣、多彩多姿的妝靨、額黃和貼花子等，變化多端的化妝，配上高聳而華麗的髮型，搭配琳瑯滿目的髮飾與花朵。唐人尤其重視牡丹花，將牡丹花插在頭髮上，創造出一種圓潤而富麗的形象。

　　在唐末五代時，出現一種特殊的臉部化妝法，叫作「三白妝」，即是在額頭、鼻子、下巴三個部位塗白，再於臉頰部分抹上紅妝，在額上貼花鈿，花鈿的樣式很多，有的更描繪成各種抽象的圖案，貼在額頭上，有如一朵盛開的花朵，更添女嬌媚。

圖1-16　五代顧閎中《韓熙載夜宴圖卷》北平故宮博物院（局部）。

1.2 紙上 畫妝

造型設計圖是設計師的語言，藉由設計圖的繪製，造型設計師可以藉由圖樣將設計的靈感捕捉，在繪圖的過程中將靈感做更進一步地表現出來，將構思作更詳密的整理、統合、檢討，就在設計師把構想做表達演練的同時，甚至還可以激發更多的靈感。尤其在今日美容造型業蓬勃發展之際，以造型設計圖來傳達設計師的意念，使髮型部分、化妝部分、身體彩繪部分與服裝飾物的搭配等重點，各部門的分工人員能夠清楚地明白設計的風格與效果。因此，一位出色的造型設計師，需具備設計圖表現的能力。

造型設計師在創作構思的階段，需要藉由設計圖的甄選、比較、淘汰等階段，來完成企劃的工作。有時候偶然獲得的靈感，乍現的巧思，如果可以馬上記錄下來，就不至於日久印象模糊、消失，而且在畫的過程，將正在實驗性過程的構想，初步具體表現，做其他的聯想，引導出原先意想不到的美好設計。

造型設計圖也是溝通良好的工具，作為設計師在為他的顧客或模特兒作造型設計時，溝通協調的方法，以便達到更好的預期效果。若在大型的整體造型發表會的企劃時，造型設計圖作為幫助各組設計師協調組織的工作，使發表流程更臻順利，不致雜亂失去主題。

設計師在繪製設計圖時，將模特兒的外型特徵與氣質繪畫出來，並進行設計造型，是需要基礎的素描能力，在整體設計的過程中，髮型、化妝、服裝飾物與身體彩繪部分，能夠在造型、色彩、材質等考量上達到協調的藝術性，使設計

的特色充份發揮出來,更需要長期於美感上的訓練與養成,以達藝術完美之境界。

造型設計畫的表現依創意而有多彩多姿的方式,有寫實的、也有比較寫意的、更有抽象的形式,更因繪畫材料的不同而呈現多元的風貌。若對造型設計畫的性質與功用作簡單的分類,可簡單分作兩種不同類別:

一、實用目的造型設計畫

作為真實模特兒造型前的構思作業,一切以針對實際實用的設計為準則,內容包含有清楚的外型特徵、配色計畫、材料的質地與花紋、內部結構作法等有清楚的示意或標示。這樣以實用目的為準的造型設計畫,除了表現設計的美感,同時亦兼顧其設計的可行性,是屬於比較理性的設計圖。一般基本的造型設計畫就局部與整體而言,分成下列數種:

1. **髮型畫**:著重在髮型的設計與質感表現。包括剪髮層次、染髮髮色、整燙效果、梳編造形等。

2. **彩妝畫**:著重在胸部以上五官臉型的修飾與彩妝設計表現。包括粉底立體修飾、眉形、眼影、鼻影、腮紅、口紅、貼花、彩繪等。

3. **整體造型畫**:著重在整體設計的組合與協調。包含髮型、化妝、服裝、配件、指甲、彩繪等,從頭部到足部的造型設計。

圖1-19 學生作品。

圖1-20 實用的造型畫。

圖1-21　實用的新娘
整體造型設計畫。
作者繪，色鉛筆。

圖1-22　實用的晚宴整
體造型設計畫。
作者繪，色鉛筆、水彩。

4.**人體彩繪畫**：將具有動態能力的人體，當作有如繪畫表現
的畫布，在題材發揮上較不受限，可做較富藝術性的彩
繪，有指甲彩繪、局部彩繪、到全身彩繪等，依據人體肌
肉形狀來設計與連貫彩繪內容，局部彩繪較常見於額頭、
臉頰、頸部到胸前、背部等。

二、廣告目的造型設計畫

作為欣賞性與廣告性的目的，是可常見於雜誌、海報等
的美術插畫。特點是以嬌美的臉孔、美化的造型、誇張的動
態及特殊的情境，來引人入勝，其欣賞美化的功能更勝過實
用設計的可行性，是屬於比較感性的設計圖。

圖1-23　廣告目的的造型設計畫。作者繪，粉彩、色鉛筆。

Fundamental of
Style Design

造型設計
基礎

在從事造型、設計等藝術創作時，是需要豐富的靈感
來源，經過深刻的思索考量，追求完全極致的作品。

2.1 關於 線條

造型設計繪圖所牽涉到的素描觀念與美感理念的問題，可以作為設計繪圖時的參考依據。論及設計造型或任何材質的彩繪，不管作品的目的或功能為何者，只要是與繪畫相關的，素描是基礎。具備素描的根基，幫助我們將眼所見具體的實物形象描摹下來，甚至發揮創意將實物誇大、變形、扭

曲或任意組合，甚至一些只存在於設計師想像裡非具象的東西，可以是抽象的圖樣，非文字的符號，或超現實的夢境。簡單說來，素描是運用線條和光影，將眼睛所見或腦中所思的構想，在平面上呈現一些概念。其中素描觀念包括**線條**、**造形**、**構圖**、**明暗**、**質感**、**空間透視**、**立體表現**與**色彩應用**等八項重點。

設計師藉由作品，用一種視覺上的語言，將意念傳達給欣賞者。人類自從很早的史前時代，便會藉由大量的、變化的點、線條、和記號，描繪出各種的圖形，也同時發展了組織事物的能力。藝術家藉由各式各樣的線條來造形，而線條不只構造實物的輪廓外形，還能表現空間和質感，而線條的粗細曲直變化，也造成作品不同的面貌，所傳達的氣氛亦深受影響。

線條在造型上常扮演重要角色，架構出作品的意象與美感，線條可以透過視覺感官傳達不同的感覺。線條的變化，包含了粗細、曲直、長短、方向、力道大小，都影響造型的美感。設計師藉由線條的許多特質，來強調作品的氣氛，藉由不同的線條，在視覺上造成觀感上的差異，即線條的意象。

例如：

▶ 粗而肯定的連續線，可能造成強悍的、積極的等意象。

▶ 細而軟弱的連續線，可能造成可愛的、柔弱的等意象。

▶ 粗而肯定的斷續線條，可能造成時髦的、活潑的等意象。

▶ 細而軟弱的斷續線條，可能造成溫雅的、虛弱的等意象。

▶ 粗而工整排列的直線，可能造成機械的、前進的等意象。

▶ 細而富變化的曲線，可能造成古典的、優雅的等意象。

▶ 多而密實的交錯線，可能造成體積感的、莊重的等意象。

圖2.1-1 賀年動物造型。作者繪，色鉛筆。

● 髮的不同線條表現

鉛筆線條除了構成輪廓線之外，就整體感而言，不同的線條構成迥然不同的線條意象，於是線條造型有豐富而多樣的變化。

圖2.1-2　髮的整體線條表現。作者繪。

▶ 柔軟的連續線，可能構成柔美的線條意象。

▶ 肯定而凌亂的連續線，可能造成活潑的意象。

▶ 粗而肯定的連續線，可能造成強悍的意象。

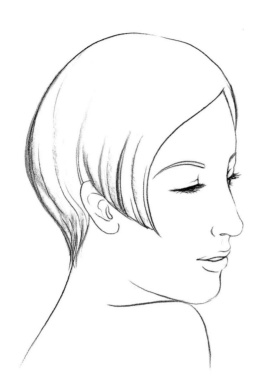

▶ 粗而整齊排列的直線，可能造成時髦的意象。

▶ 細而柔軟的連續線，可能造成浪漫的線條意象。

▶ 粗而肯定的斷續線，可能造成積極的線條意象。

▶ 細而富變化的曲線，可能造成優雅、可愛的意象。

圖2.1-3 輪廓線條有如鐵線般的鉤勒描繪。
《元世祖后徹伯爾像》絹布。

圖2.1-4 寫意的線條，簡單靈活的筆意，勾勒出仙人的
灑脫形態。 宋代梁楷《潑墨仙人》。

　　東西方的藝術家都相當重視線條的美感。中國的水墨畫
使用毛筆當作工具，可以靈活地畫出各種的線條變化，有的
如鐵線般的鉤勒描繪，或是抑揚頓挫加上皴、擦、點、染等
複雜技巧，即講究所謂的筆意，都是注重線條的蒼勁有力，
變化萬千。書法藝術也是以線條變化為基礎，無論是工整端
正的楷書，或狂亂飛舞的草書，線條的游走變化構成文字造
形之美。線條表現出來的意象是造型時相當重要的部分，西
方的藝術家們在表現人的題材時，發現人或在動作時，或在
靜止時，可以看到線條，包括了外輪廓線與整體的線條。而

人體的線條常依靠服飾裝扮等造型來修飾或改變整體的線條感，以顯示個人的身份角色或獨特的個性。

　　造型設計師在繪圖時，避免在形的掌握上流於呆板單調，美感的建立很重要。**速寫**是一種不錯的練習方式，有別於精緻的繪圖，速寫是比較簡筆式的畫法，以簡潔明快的線條在較短的時間內，正確地勾畫出人物的形體，作為掌握線條流暢能力的練習，另一方面學習捕捉動態感的形，以豐富對形的構思。

圖2.1-5　唐代顏真卿書法（集字）。

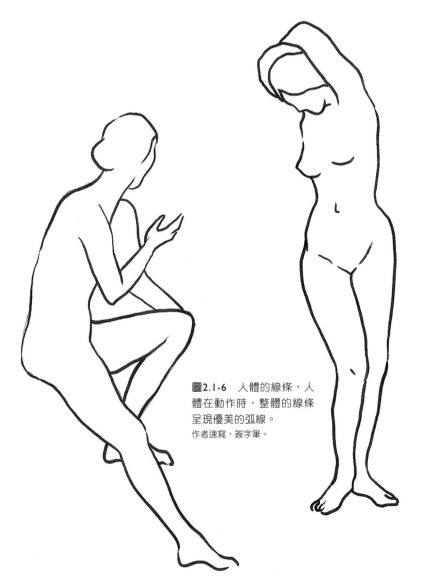

圖2.1-6　人體的線條，人體在動作時，整體的線條呈現優美的弧線。
作者速寫，簽字筆。

圖2.2-1　自1970年代後，現代的造
型藝術表現常結合人體彩繪，將面
孔與身體提升作為活動的繪畫，將
人與繪畫創作結合，依創作者的靈
感與巧思使造型藝術更自由而多樣
的風情，此為人與自然的冥想。作者
繪《天空與雲》，偽裝的人體彩繪。

2.2 關於 造 形

形是什麼？形，立體的形，是指形狀、形象，即事物的外在形體。你是否曾經仰望著天空的白雲，在藍藍的天空襯托下，朵朵的雲時而不停的改變形狀，有時候像是熟悉的種種事物，有時候又像是抽象的形狀留有很多的想像空間。設計師在造形的時候可以是理性的，或是感動的。簡單說來，當一條線由點出發，漫步了一圈之後再回到原點，便造就了一個形。形的構成是由線作為基礎，組合成平面，集合面構成三度空間的形體，是立體的形。立體的形在空間中依各種不同視覺角度而呈現整體連貫性，同時也反映出形體的結構性。人類自古文明時便創造很多不同形狀的圖騰，來代表生活周遭的事物與信仰中的傳奇，甚至文字的由來─象形文字，便是由於對事物的形有所領悟而來。

圖2.2-2　在商周時代神話傳說中的神獸饕餮，幻化成有趣的圖騰花紋，在歷史文物中，優美而色彩繽紛的花紋圖騰提供了彩繪設計時的靈感來源。作者繪，面之圖騰彩繪設計。

圖2.2-3　國劇臉譜的豐富造形與色彩代表角色的性格。
圖載自文京圖書有限公司的《中西戲劇欣賞》，孫國良繪製，周惠蘋提供。

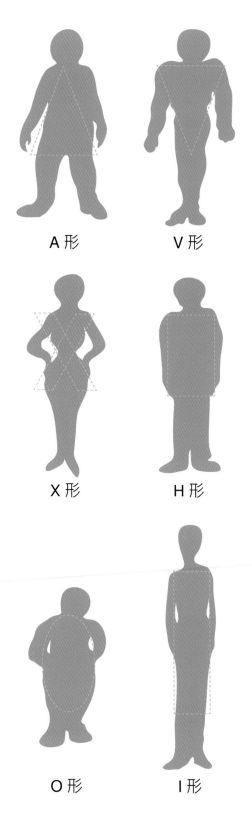

A 形　　　　V 形

X 形　　　　H 形

O 形　　　　I 形

人的身體因天生體型的差異，造就了不同的型(Style)，觀察人體的形(Shape)，以英文字母作一個有趣的聯想。例如上身窄下身寬的A形，上身寬下身窄的V形，曲線玲瓏的X形，瘦高的I形，矮胖的O形等。東方人與西方人在頭型、五官的形狀、臉型等也有明顯的差異。一般而言，東方人的頭型較寬較扁形，五官輪廓較平面，也較小，眼睛多有鳳眼形狀。西方人的頭型則較圓較窄形，五官輪廓較立體也較大，眼睛多半較為深凹，圓且有明顯雙眼皮。對於臉型的區分，更有蛋形臉、圓形臉、方形臉、菱形臉、長形臉、正三角形臉、倒三角形臉等。造型設計師在設計髮型、化妝、服飾搭配、或整體造型時，應根據模特兒的外型特徵作個別考量與設計，以達到美好而出色的設計效果。

圖2.2-4　人體有趣的形。作者繪。

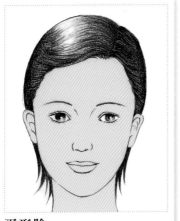

蛋形臉

恰似一倒立的蛋，是比較合於比例的理想臉型。

常見的七種臉型

人的臉型因骨骼與肌肉的天生長成不同的形，在化妝與造型上，可依特徵提供作為修飾與營造個性美感的參考。

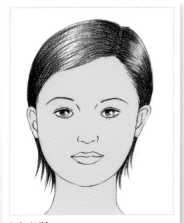

圓形臉

臉頰較豐潤，整體上看來臉似一圓形。

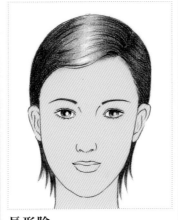

長形臉

額頭、鼻樑到下巴比較長，是整體上較狹長的臉型。

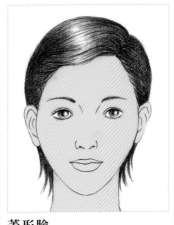

菱形臉

額頭與下巴較尖，顴骨較突出明顯，整體上看來臉似一菱形狀。

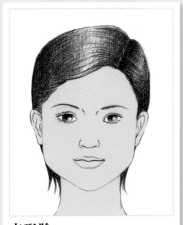

方形臉

寬闊的方形額，下頜兩側較寬，整體上看來臉型似一長方形。

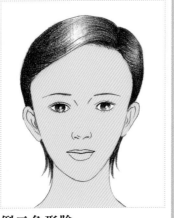

倒三角形臉

額頭高而寬闊，下巴較尖，整體上看來，臉似一倒三角形狀。

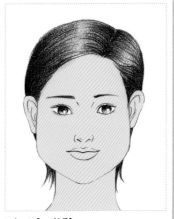

正三角形臉

窄額，下頜兩側突出明顯，整體上看來，臉似一正三角形狀。

圖2.2-5 常見的七種臉型。作者繪。

現代藝術發展著重在造形與色彩的構成，以達到純粹的視覺美學，尤其在造形上，追求一種概括簡約的造形本質，即是將繁複的形簡化，回歸到單純的形，而單純的形免除了繁瑣的裝飾，反而呈現出自然而流利的特質。

大自然是設計師汲取靈感的寶庫，大地、天空、海洋、動物、植物、風、雲、水、四季節令，生生不息地運行，自然所創造的形，是結合了「力」與「美」的美好的形，「美」是令人感受到外在的和諧與愉悅，而「力」則是表現內在生命的活力感。設計師在造形時，常對自然界中人事物真實的形作描寫或模仿，此時的形便依據著客觀的景物，表現其複雜的形體。有時候，設計師會將自然界裡可見的時景，作形的改變，或將複雜的形簡化，進而以較抽象的方式來造形，以凸顯造形的美感與力感。

設計師對於造形是十分重視的，首先，造形時平面的**邊緣線**是構成形的要素，當邊緣線是清楚銳利的直線所形成的**硬邊**，或者是模糊的漸層，抑或柔軟的曲線所構成較**柔軟的邊**，形的感覺會有很大的差異。其次考慮形的**大小**，而形的大小一方面常影響欣賞者對於空間的想像，另一方面又關係著視覺上質量均衡的問題。譬如，在平面的設計作品上，相同的物體在近

圖2.2-6 邊緣線以幾何銳利的直線構成。1948年威爾斯舞團在倫敦演出《唐吉訶德》時劇中所採用的造型設計，圖取自《古典音樂400年第5冊》錦繡出版社。

圖2.2-7 邊緣線以較溫和的曲線構成，戲劇造型。圖取自《古典音樂400年第5冊》錦繡出版社。

景大，在遠景小，可造成空間的感覺。一般而言，較大的形常作為強調設計主題的方法，但是形的大小應依據設計主題與美感的協調性而決定，太大或太小皆不適宜。

抽象的形又區分為規則的形和不規則的形。規則的形，又稱為**幾何形**，例如常見的圓形、方形，或立體的球形、方體和錐形。規則的形，常給予人整齊的、統一的、強烈的、機械的等意象。而不規則的形，又稱為**自由形**，如自然界中一般事物未經人工雕琢時真實的形，則比較常帶給人自由的、浪漫的、活潑的等意象。

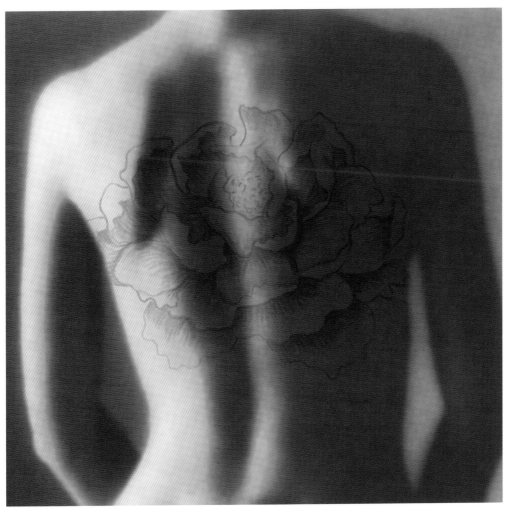

圖2.2-8 局部的人體彩繪，如背部彩繪，常是可以增加整體造型的美感。

▶ 自由形的花朵比較常帶給人浪
　漫、活潑的意象。

人體背部彩繪（一）

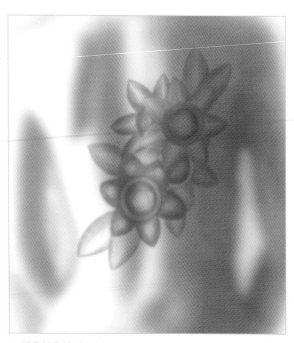

人體背部彩繪（二）

▶ 幾何形的花朵彩繪，其較規則的形比較
　容易予人強烈、機械的意象。

2.3 關於 構 圖

圖2.3-1 舞蹈中的三女神，
形成完美的構圖組合。
文藝復興時期玻堤且利《春的寓
意》三美神，烏菲茲美術館，義
大利佛羅倫斯（局部）。

　　繪畫時的構圖裡蘊含著「結構」的意思。通常設計師要
將設計的特色繪製出來，須先掌握整體的構圖，再將描繪主
題的外形輪廓確定出來，以利明暗、體積、空間、與質感的
表現。進行構圖時，先要理解主題（通常是人物），與副主

題（配件、背景等）的安排，妥善地給予作品上的各種物項合適的佈局，以求視覺上達到均衡的美感。

從前的畫家會製作好多種草圖，再取其中最佳的構圖來完成作品，而構圖的方式有很多種，例如三角形構圖、S形構圖、L形構圖等。前人的構圖方式固然可以學習，但何種構圖才是最完美，相信永遠沒有答案。不同的創作意義，不同的表現題材，設計師學習佈置構圖，是相當重要的。

圖2.3-2 聖母彎下身去輕抱起正與小羊玩耍的孩子，流露出慈愛的母子情懷。
達文西《聖安娜與聖母子》木板、蛋彩，法國羅浮宮。

圖2.3-3 可見構圖之人物位置與動態多有思慮考量，以求畫面均衡完美。
達文西《聖安娜與聖母子》草圖，法國羅浮宮。

圖2.3-4　名畫中的人物造型構圖十分優美。米開蘭基羅《創世紀》壁畫，西斯丁教堂，羅馬梵諦岡（局部）。

在設計立體的造型時，構圖能力就像是整體結構安排的能力，有主導整體表現的重要性。例如舞臺上人體彩繪，身體雖不是平面，配合人體的凹凸曲線，所要裝飾或描繪的主題的位置要畫在何處。其次，在有限的空間裡，主題物與副主題物間的大小、疏密遠近的虛實關係等考量，都攸關構圖能力的高低，甚至於整體造型設計、舞臺人物與空間的安排佈置，皆與構圖能力有關。

圖2.3-5　練習取景有助於構圖的安排。

2.4 關於 空間與透視

● 空間的虛實觀

物體的存在，使視覺可以清楚地感受到「空間」，而物體所在的位置、體積、距離、疏密等條件，也同時影響視覺對於「空間」的認知。如果沒有物體的標示，我們比較難察覺到空間、物體之間的關係在視覺上所呈現的透視深度效果，產生空間的感覺。

在造型舞臺上，有主角、配角、佈景，對於空間的裝置便是一門學問。相對於角色扮演的主從關係，物體在空間中也存在著實與虛的關係。物體具有造形、體積、重量、方向，存在於空間中，屬於「實」，而物體之外的虛遠空間則屬於「虛」。空間的虛實觀，關係著空間感的設計，「實」太多顯得擁擠雜亂，「虛」太多則空曠寂寥。

平面繪圖空間的表現，「實」體與「虛」的空間是同樣重要，兩者是相互襯托的關係。許多設計繪圖者，在工作時對於實體本身的表

▶ 太小。　　▶ 無視線空間，太擠。

▶ 太上。　　▶ 太下。

圖2.4-1　構圖能力直接影響空間安排。

圖2.4-2 近景人物畫之背景以俯視之遠景拉出空間距離感。
達文西《蒙娜麗莎的微笑》油畫，法國羅浮宮。

現十分仔細，但對於背景則潦草帶過，甚至省略。其實空間的景深距離的營造，可以藉由表現物體近大遠小、遠近輪廓的清晰度、明暗色調的強弱等方法，使「實」與「虛」形成對比，以強化空間的表現。例如中國水墨畫的意境，特別重視虛實結合的思想，在畫面有限的空間裡，卻能創造出令人神往的寬廣空間。

● 疏密與位置

　　空間的虛實觀念，關係著物體的存在位置與疏密距離的設計安排。當然，平均分散是一種比較簡單的空間配置法，緊密（可謂「實」）與疏散（可謂「虛」）的設計，影響視覺平面中，感受上的「輕」與「重」的平衡感，是比較活潑的構圖方式，也為空間的配置帶來無限的可能性。另外，描繪主角正面靜態的繪圖時，一般人常會將主題置於畫面居中的位置，但是當動態人物的表現時，空間中位置的巧思安排，更顯得重要了。

圖2.4-3　空間設計時，構圖的虛實搭配增添視覺上的變化與活潑。作者繪。

▶ 平均分散。

▶ 有虛實關係。

● 視覺角度

圖2.4-4 西方畫家在文藝復興時期便發展出良好的空間透視法則，畫面中右側畫家正透過中間有格子的透明取景框對左側的模特兒進行描繪。

　　彩繪藝術家想要在平面上做出令人有立體空間的感覺，應用許多方法來造成空間感。西方在很早便發展出透視學，是考慮到視覺角度與其在空間中的延伸，而視覺角度可簡單分成仰視空間、平視空間和俯視空間的透視法。

　　透視法是一門複雜的科學，如果只把其中簡化的法則做直覺的應用，則比較簡單。學習透視法要明白一件事，立體的事物表現在平面上，不一定是眼睛所看見的樣子。例如圓形的杯口，近看的時候是圓的，但是當擺放的位置越遠，杯口卻看起來顯得越扁了。又如正方體每個邊都一樣長，但是依不同的視覺角度，在平面表現時卻不能每個邊都畫一樣長。

　　透視學的「線性延伸」理論告訴我們，兩條實際上是平行往前面一直延伸下去的直線，會覺得這兩條線似乎在前面地平線上的的某個點合在一起了，這個點我們把它稱為消失點(vanishing point)。這種似乎前進聚合在一起的現象，給予視聽上一種深度的感覺，對於線性延伸與消失點的研究，產生了一些透視的法則。

圖2.4-5 空間透視中，線性延伸的原理：兩條視線平行往前一直延伸下去的直線，似乎會在遠方與地平線上的某個點結合在一起，給予視覺上深遠的感覺。作者繪，水彩。

　　線性延伸下的任兩條平行線，構成具有長度與寬度的平面，感覺延伸到遠方的地平線（消失點所在），形成有高度的感覺。這三條線（地平線、兩條平行線）恰如立體坐標，決定位於畫面上的物體，依其遠近距離得到該呈現的大小尺寸和形狀，也就是說，透視法是使立體的事物，在平面上有正確性構成立體感覺的方法。

描繪出空間的幻覺，透視法有幾項原則可以把握：

一、平行透視原則

在透視學的觀念裡，越遠的物體越小；視覺角度越小，物體看起來就越扁。這種視覺效果的改變，是隨視點移動而有規律變化，利用透視學的「線性延伸」理論，畫出平行透視原則的輔助線，標出物體在空間中的關係、大小尺寸和形狀的變化。

二、決定尺寸與形狀

應用透視法則，把平面假想成有立體的坐標，決定位於畫面上物體的位置。在虛擬的直線上，遠近比例縮得越快，物體的大小比例也縮小得越快，同樣的，物體的形狀也呈等量漸進的改變。

三、空氣透視法─清晰度與色調漸變

平面上空間感的營造，除了透視法則使造形產生立體空間的錯覺，利用色彩的明度和彩度漸變的原理，可助長空間的效果。觀察遠處的山，看起來總是迷濛的灰色調，而近處的山卻顯得鮮明清晰，因為遠處景色所折射回來的光線受空氣的阻隔，形與色越遠就越模糊也越淡了。西方文藝復興時期的達文西提出「空氣透視法」，就是利用清晰度與色調漸變的原理，造成淺近空間到深遠空間的延續。

圖2.4-6　利用色調漸遠漸淡且漸遠越模糊的清晰度來拉出深遠的距離感。
19世紀印象派畫家秀拉《浴者》。

2.5 關於 質 感

　　對於造型設計師而言，物質材料是複雜而多變的特質，充滿著無比的吸引力與挑戰。從髮型、化妝、飾物到整體造型設計，總離不開物質材料帶來的質感，設計師一直沉思奇想，企圖在作品上賦予最自然而豐富的質感表現。在美術形式的繪畫表現，常以各種筆觸（參見圖2.5-1，水流狀、點狀、短線狀、粗、細），不同畫材（油性、水性、粉性），來豐富畫面肌理層次的要求。

　　質感本身是具體的，是可觀看的，可觸摸的，有力感與量感的，在心理層面可聯想的。物質材料本身複雜多樣的特質，存在於物質結構中，很難與造形區隔出來，造形與物質材料是結合成一體的。探討質感的表現，除了物質材料所造成的外在質感，包括了材料質感與表面肌理，還有作品風格所表現的整體氣質，是為作品的內在質感。

● 外在質感

　　材料本身應用在藝術設計的表現上，即為外在質感的表現。自然界中種種的物質材料皆有其功能與天然的美感，其存在有堅硬感的物質材料，如木頭、石頭、各種金屬、塑膠、玻璃、冰塊等物質，也有物質材料質感的意象是比較柔軟的，例如各種布料、紙張、毛皮纖維、棉花、沙粒堆等。人對於物質的知覺，從軟硬、鬆緊、冷暖、粗細、光澤度等，會引起不同層面的心理感受。

筆觸創造不同的表面質感

1. 平塗的筆觸。

2. 點狀的筆觸。

3. 短線的筆觸。

4. 綿密的筆觸。

5. 粗獷長線的筆觸。

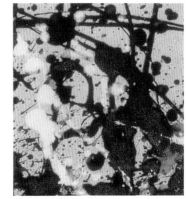

6. 滴淋的筆觸。

7. 厚塗堆砌的筆觸。

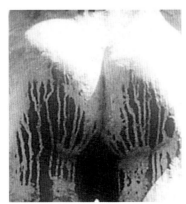

8. 噴流的筆觸。

9. 刮條的筆觸。

圖2.5-1 彩繪造型藝術，無論在髮型的雕塑上，創意化妝的表現或人體彩繪的設計上，不同的筆觸語言，豐富了質感的創造性。

1. 1936年達利《雙重門》油彩、畫布46x66cm（局部）。
2. 1940年克利《跳舞女郎》油彩 51x51cm（局部）。
3. 1889年梵谷《星月夜》油畫 74x92cm，紐約現代美術館（局部）。
4. 1883年西斯勒《聖塔‧瑪迷的午後》油彩 55x74cm，波士頓美術館，美國（局部）。
5. 1946年畢卡索《戴綠帽女郎》油彩 35x27cm（局部）。
6. 1950年洛克《黑白交響》油彩、畫布（局部）。
7. 1956~1961年哈魯真克作品，油彩、畫布（局部）。
8. 1964年杜布菲《有美麗尾巴的牝牛》油彩、畫布 97x130cm，東京國立美術館，日本（局部）。

金

木

石

葉

除了物質材料本身天然具有的質地所產生的外在質感，其表面狀態是材料上層的質感狀態。表面狀態的形成有自然力形成與人力形成兩種，例如層層疊疊的木紋為自然力形成的表面。而造型設計時較多應用的人力形成表面的效果，例如以筆刷彩繪暈染出漸層狀、以噴滴方式做出川流狀、製造布料紙張的折痕、以亮片等物質黏貼、以黏土塑形等不勝枚舉。

● 內在質感

設計師在作品上所表現的整體氣質，可說是作品的內在質感。這種內在質感是指設計師的創作形式，即作品所流露出的風格與特色。設計師依據設計的理念，選擇創作的取向，這些風格的呈現表現了整體設計的內在質感。舉例而言，整體的風格取向可以是樸素的、或是華麗的；是繁複的、或是簡單的；是粗獷的、或者柔滑的；表現古典的、或是前衛的，是自然的、或者誇張的方式等等。這些品味上的內在質感，與可觸摸的質感不同，卻是設計師專業的整體表現。

圖2.5-2　物質的外在質感。

圖2.5-3 創意彩妝，以亮片粉沾膠水繪成淚眼妝。作者繪，粉彩、亮片物質。

圖2.5-4 內在質感是造型設計的風格與氣
質,可以有很不同的表現。

▶ 整體造型畫－前衛的氣氛。
作者繪,水性色鉛筆。

▶ 整體造型畫－自然的氣氛。
作者繪,水性色鉛筆、粉彩。

● 質感的表現

　　造型設計師在繪圖時，運用不同的畫材來表現畫面上的質感，以達到的精緻、正確、美觀的要求，使設計的作品達到盡善盡美的境界。一張完整而美麗的繪圖，不論只是參考的草圖，或是完善的整體造型設計圖，還是藝術化的造型繪圖，質感的表現總是和素描基礎與工具材料的使用技巧相關。一般說來，質感在平面繪圖的表現，有描繪法和剪貼法較為常用，另外還有一些特殊的表現手法。**描繪法**，即以一般性的鉛筆、簽字筆、色鉛筆、或其他彩色畫材，以變化的筆觸、線條表現不同的質感。**剪貼法**，以現成可用的圖片、照片等印刷品黏貼，代替實物描繪。例如報章雜誌上各式各樣的花紋圖片、圖騰印紙、彩色貼紙、網點貼紙的利用，選擇剪裁適宜的圖紋創作出特殊的畫面。甚至以實物拼貼法，將印花布料、亮片、珠花、羽毛、彩色沙石等黏貼裝置，創造實際立體效果。

圖2.5-5 剪貼法，多素材創作。
新娘造型，面具、塑膠花、紗網布、化妝品、假睫毛、水彩等，作者製。

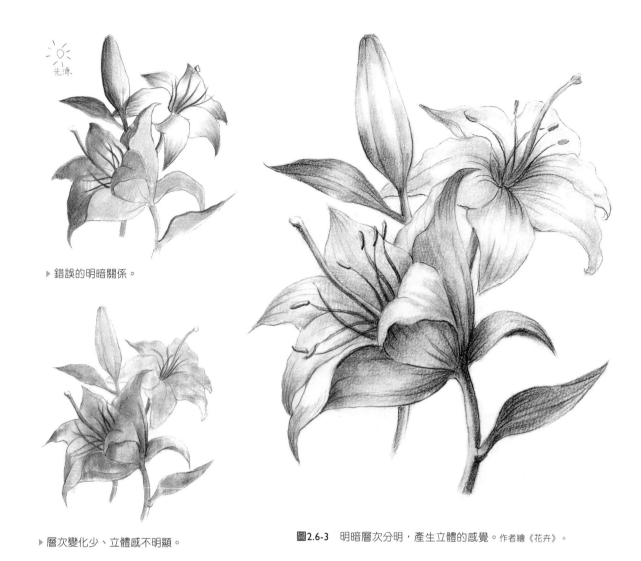

▶ 錯誤的明暗關係。

▶ 層次變化少、立體感不明顯。

圖2.6-3　明暗層次分明，產生立體的感覺。作者繪《花卉》。

● 明暗調階

　　造型設計繪圖著重基礎素描表現的能力，若摒除複雜的五顏六色，以明暗色調來表現物像，畫面上的明暗色調差距便是「相對」比較出來的。甚至，適當地加強明暗色調差距，能使立體的感覺更加明顯；反之，明暗色調差距太少或太小，將會使所描繪的物體，顯得又平又單調。例如在白色的畫紙上，畫一籃白色的雞蛋，似乎很難表現，實則不難。首先，球狀的雞蛋有最亮、最暗處、中間調、反光與陰影，

使最亮最暗處產生明顯色調反差，在最亮的白到最暗的深灰中間還有五到六層色階的淺灰色調，能夠產生球體圓融的漸層感。其次，其它的雞蛋依據其上下左右前後的位置，明暗變化有些許差異，而有色彩的籃子，其色調則是「相對」於雞蛋的色調比較出來的。初學者可以將明暗值的變化，均分成十等份的明度階調的練習，事實上，以這十種階調靈活表現對象繁複的明暗變化，已經是相當不容易了。在從事化妝彩繪的工作時，明暗度的觀念即是立體觀念的基礎，而素描能力的養成與練習，便有其奠定基礎的必要性。

● 反差

舞臺演出時，藉以聚光投射的方式產生更強的明暗對比，以凸顯主角。這是利用明暗對比的反差效果，使明與暗相互襯托，陰影裡有反光，反光又靠影子襯托，藉由明與暗相互襯托，使黑灰白分明且立體。

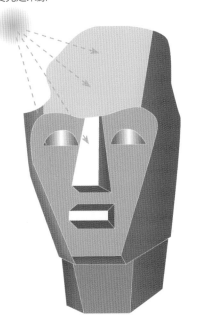

受光之來源

圖2.6-4 臉部之立體明暗

粉底修飾 － 臉型修飾

粉底的修飾是依靠立體的觀念，利用明色有突出前進感、暗色有凹陷後退感，以深淺不同的粉底創造自然而立體的妝容。

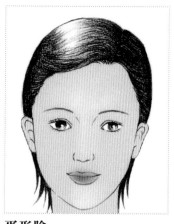

蛋形臉

額頭、鼻樑、下巴（T字部位）以明色修飾帶出立體感。

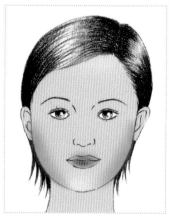

圓形臉

耳中至下顎以暗色修飾，額中央近髮際處及下巴以明色修飾。

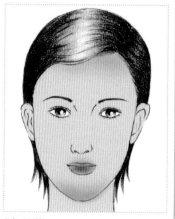

長形臉

上額、下巴以暗色修飾。

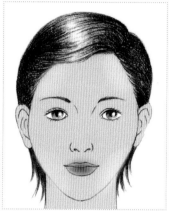

菱形臉

上額、下顎兩側以明色修飾。

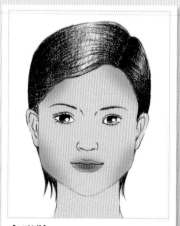

方形臉

上額、下顎以暗色修飾（耳下至下顎角，上額髮際至太陽穴）。

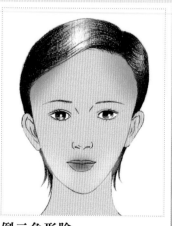

倒三角形臉

上額兩側以暗色修飾，下顎兩側以明色修飾。

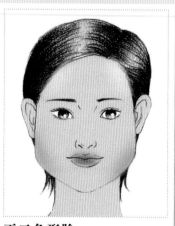

正三角形臉

額頭、兩側以明色修飾，下額兩側以暗色修飾。

圖2.6-5 臉型的立體修飾，將明暗立體的觀念應用在化妝方面，修飾東方人普遍較平板的臉孔。作者繪。

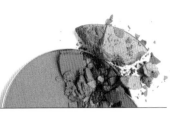

腮紅的修飾

腮紅作為化妝修飾容顏的重要步驟，使臉的表情氣色生動，容光煥發，可以大筆刷技巧地刷在顴骨、臉頰部位和面部化妝融合成自然和諧的一體。

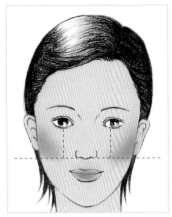

蛋形臉

自臉外側顴骨向內臉頰輕刷，形成自然延伸的層次感。

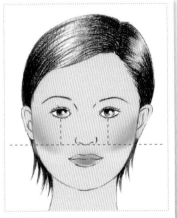

圓形臉

自鬢角順顴骨微斜向下，刷成狹長形，由深漸淡修飾臉看起來略有拉長效果。

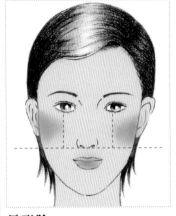

長形臉

自顴骨以水平方向向內修飾。

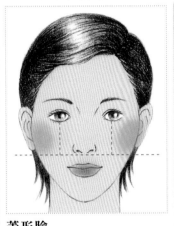

菱形臉

以顴骨為中心刷成圓弧形，自然紅暈。

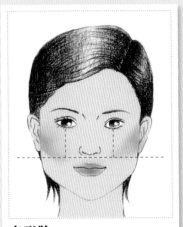

方形臉

順著顴骨方向往嘴角刷成狹長型，略帶圓弧狀，來柔和方臉的角度。

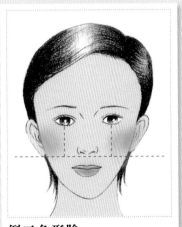

倒三角形臉

倒三角形臉：由顴骨方向往內橫刷，位置略高稍短

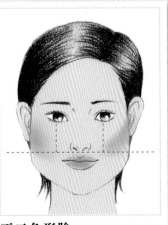

正三角形臉

順著頰部刷成稍具圓弧狀，以柔和下顎的角度感。

圖2.6-6　臉型腮紅之修飾。作者繪，化妝品。

▶ 單眼皮眼型

1. 眼影漸層或假雙。
2. 色彩、眼線勻稱自然。

▶ 浮腫眼型

1. 近睫毛處與浮腫處以暗色漸層眼影修飾。
2. 色彩、眼線勻稱自然。

▶ 下垂眼型

1. 眼尾眼影色彩加濃且上揚。
2. 上眼線在眼尾前內側即上揚，下眼線呈水平稍上揚。

▶ 凹陷眼型

1. 凹陷處眼影以明亮色彩修飾。
2. 色彩、眼線勻稱自然。

▶ 上揚眼型

1. 上眼影自然表現，眼尾處色彩加深加寬。
2. 上眼線順暢描繪，下眼線呈水平。

圖2.6-7 應用明暗立體的觀念，化妝眼影的修飾。作者繪，化妝品。

2.7 關於 立 體

　　「明暗」與「結構」是表現立體繪圖時關係密切的兩項基礎，對於所描繪的物體對象，明暗是以光影來表現立體，而結構是瞭解物體內在形式。雖然在平面繪圖時，結構仍是以明暗關係來表現，但是，更深入探討結構本質，會使所表現的物體主題更結實有力。結構是經由理性觀察與解剖來理解物體根本的組織性與方向面，有助於提升立體繪圖的表現能力。

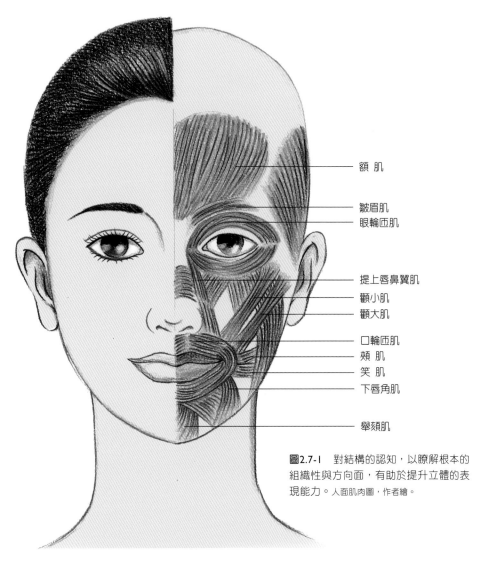

額 肌

皺眉肌
眼輪匝肌

提上唇鼻翼肌
顴小肌
顴大肌

口輪匝肌
頰 肌
笑 肌
下唇角肌

舉頦肌

圖2.7-1　對結構的認知，以瞭解根本的組織性與方向面，有助於提升立體的表現能力。人面肌肉圖，作者繪。

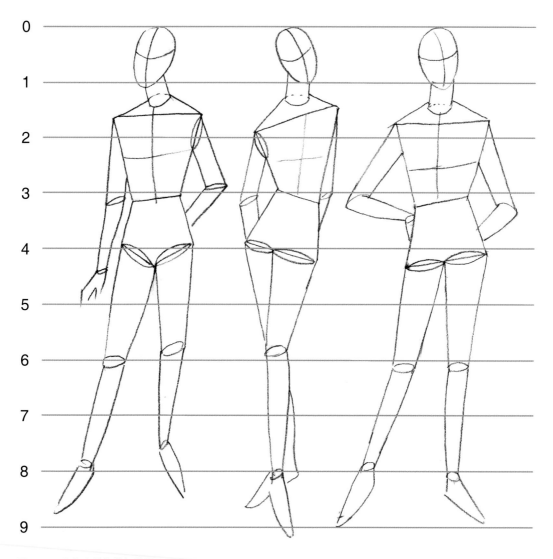

圖2.7-2　動態人體的幾何體塊。

　　人體肌肉骨骼有一定的生長規律，與活動中所呈現出來的不同造型關聯，描繪人體外形，一方面瞭解人體結構，將能事半功倍且不至於變形走調。通常一開始可以幾何體塊的觀念去概括理解形體結構，再依照各部位比例，與肌肉骨骼的生長聯結方向作依據，更詳細寫實地描繪形體。

　　掌握人體的結構的「方向性」相當重要，有助於理解人體各部位在動作時，依「方向性」不同，依視覺角度改變

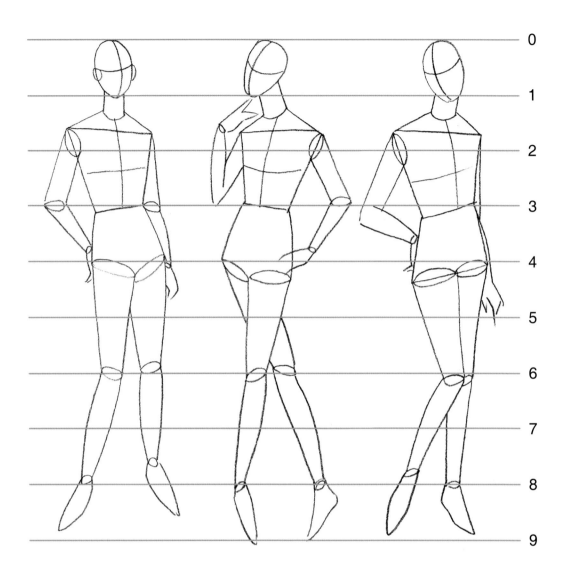

0
1
2
3
4
5
6
7
8
9

形，與受光面方向作明暗變化，將所觀察到的各面交錯形
體，正確銜結描寫出來，並保持透視上的空間位置關係。立
體的表現以線條和明暗為主，包含結構體各面與面的銜接狀
態、肌肉骨骼的凹凸起伏，甚至富彈性的肌肉質感。總之，
在人體結構的理解越透澈，表現人體的動態，就越結實靈活
也越正確；相同的，彩繪其它物體從根本的結構去瞭解分
析，是正確的方式。

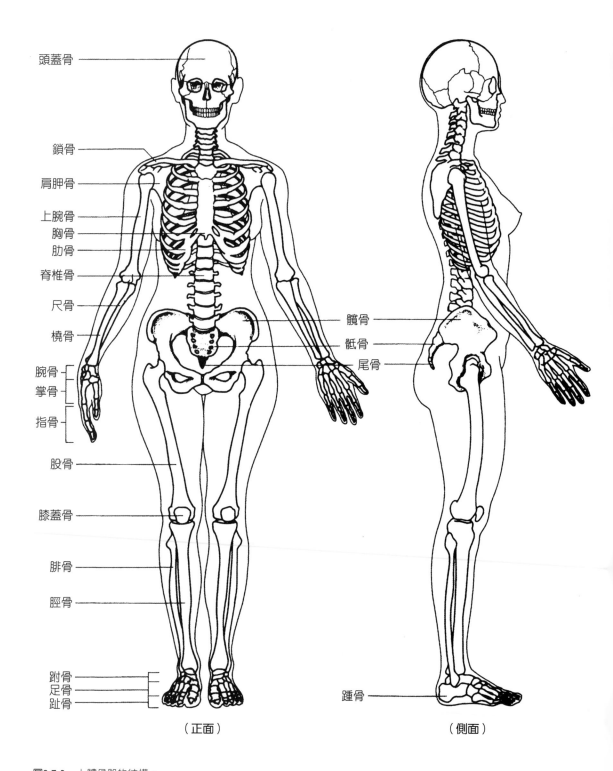

頭蓋骨

鎖骨

肩胛骨

上腕骨
胸骨
肋骨

脊椎骨

尺骨

橈骨

腕骨
掌骨

指骨

股骨

膝蓋骨

腓骨

脛骨

跗骨
足骨
趾骨

髖骨
骶骨
尾骨

踵骨

（正面）

（側面）

圖2.7-3　人體骨骼的結構。

2.8 關於 色彩

　　凡是有關於視覺的藝術，都與色彩關係深遠。無論是繪畫、戲劇、電影、舞蹈等，到日常生活的食衣住行各方面，色彩的應用扮演重要角色，時常人們應用色彩來裝飾事物的外貌，或者改變心情，或表達情意。設計師在掌握色彩對欣賞者心理有重要影響的前提下，對色彩的特性越瞭解，越有助於作品的表達。

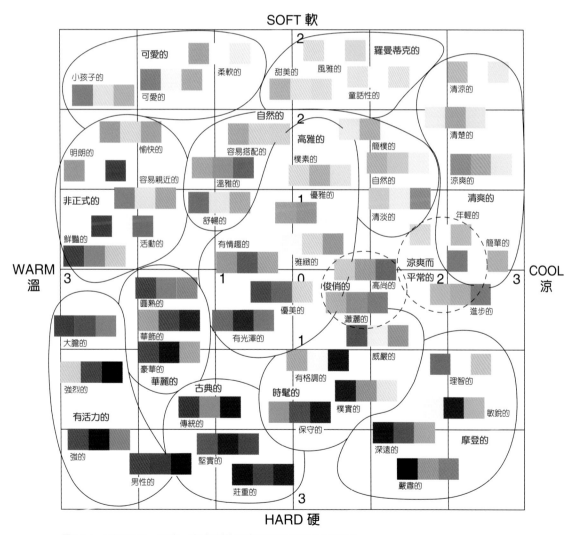

圖2.8-1　利用色相、明度、彩度的變化搭配不明感覺的色彩組合。

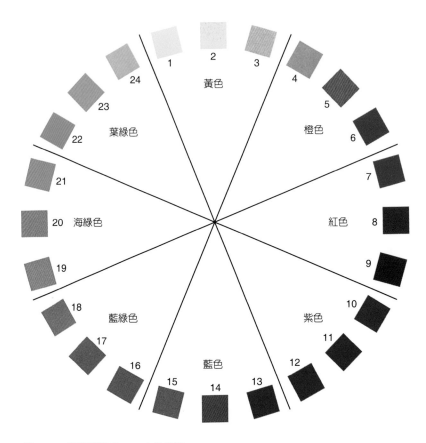

圖2.8-2 奧斯華德(Ostwald)色相環。

三要素

　　色彩具有**色相、明度、與彩度三要素**，這三要素的搭配組合造成了色彩的千變萬化。

▸ **色相：**是指色彩的區別，譬如紅、橙、黃、綠等，一般而言又區分為無彩色、彩色與特殊色。無彩色是指黑色、白色，和介於黑白之間各等級的灰色，無彩色因有易於調和的特性，故經常被使用為底色或當背景色，來襯托彩色。彩色則是指黑灰白以外的其他顏色，即廣泛的眾多色彩。而特殊色是指金色、銀色、螢光色等發光顏色。

圖2.8-3　色彩配色入門
常用基礎色票。

▶ **明度**：是指色彩的明暗程度而言。譬如，有淺藍色到深藍
色之別，淺藍色含白色多較為明亮，屬於明度高，深藍色
含黑色多比較暗，屬於明度低。若是辨別不同色相的兩色
之明度，只要予以黑白影印即可區分，例如紅色與黃色比
較，就以黃色明度較高。一般而言，明度高的色彩屬於輕
色，常予人輕鬆明快的意象，而明度低的色彩屬於重色，
常予人成熟穩重的意象。例如在服飾的搭配方面，若是上
輕下重的配色，比較穩重。上重下輕的配色，則代表年輕
不穩定的意象

▶ **彩度**：指色彩的鮮豔度或飽和度，有關於色彩是否純粹。
若是將兩種至三種顏色混合，其所得的顏色彩度自然會降
低。例如正紅色彩度是相當高的，也是極鮮豔的，假使在
正紅色中加入了其他顏色，其結果紅色的飽和度降低，也
就不那麼鮮豔了。一般而言，彩度高的顏色，常予人積極
熱情的意象，彩度低的顏色，常予人自然沉穩的意象。

色彩的感覺

對於色彩的感覺，隨個人、國家、民族、宗教、區域等因素有所不同，但仍有數種普遍的特性為人們認同。

▶ **色溫**：是指色彩給人有冷暖溫度之聯想。暖色調，如紅、黃色系，容易使人產生溫暖或興奮之感，屬於積極性色彩。冷色調，如藍色系，容易使人產生冰冷沉靜之感，屬於消極性色彩。

▶ **色味**：是指色彩給人有如味覺酸甜苦辣之聯想。例如明度高的淡色調易使人產生清涼之味，明度低的暗色調易使人產生濃重之味。

十九世紀印象畫派是最注重色彩的表現，藝術家在進行色彩的配置時，總是希望在眾多且複雜的色彩群中，找到合適且能達到調和的色彩，以求作品的完美。所謂調和，是指在許多不同色彩的組合配置下，仍能達到和諧且恰巧不奇怪的配色。

色調調和方式

以下所列，是常見的色調調和方式，以及其優缺點。

▶ **單色調調和**：單一個顏色作明度上的變化，優點是單純、統一，但缺點是單調、乏味。

▶ **同色系調和**：比起單色調調和多一點變化，是同一色系的色彩作搭配，例如綠色系，可以黃綠、藍綠、橄欖綠等色彩。同色系調和優點是高雅、含蓄，但缺點是缺乏個性。

▶ **近似色調和**：比起以上兩種調和法更多變化，是以類似色系或類似明度的色彩作搭配。例如淡雅的粉色群，是適合年輕女子的顏色，有粉紫、粉紅、粉綠等近似色彩作搭配，使不同的色彩，依其相似的某性質，作組合配色，也是易於調和的方法之一。近似色系調和優點是活潑、自然，但缺點是易流於輕浮。

▶ **對比色調和**：是指在色環（圖2.8-2）上位置差距頗大，色彩的感覺差異很多的色彩稱為對比色，例如紅、藍、咖啡、土黃等色。對比色調和因色彩間對比性較大，故優點是鮮明、華麗，但缺點是易流於粗俗。

▶ **互補色調和**：是指在色環上位置180度相對的兩色，其色彩的感覺差異最大，對比性也最大，例如紅與綠、黃與紫、橙與藍等稱為互補色。其搭配的優點是強調，但缺點是常顯得格格不入。

　　大自然中四季的色彩變化與觀察萬物的色彩，實在令人嘆為觀止。在設計繪圖的表現上色彩的組合搭配往往隨創作者的巧思，呈現不同風格，色彩的風情萬種，變化多端，巧妙地應用可創造多樣的造型色彩，可豔麗、可樸素、可修飾，在戲劇造型時可裝飾、可假扮虛擬、可偽裝成各種角色，色彩與形並用，則更上層樓，增添生活趣味。

圖2.8-4　十九世紀印象畫派是最注重色彩的表現，能從複雜的色彩中，找到調和的色彩。1884~1886年秀拉《週日午後的夏特島》。

Concepts of
Style Design

造型設計
理念

任何的藝術設計都含有一種秩序體系，在秩序中追求
一種均衡。

不論是從事設計的工作者或是欣賞者，當面對一件藝術作品，首先接觸到的感官上的刺激，可能是色彩、造形、質感、空間等要素，然而在美感上還依賴著一些設計理念的應用，應用這些造型設計理念有助於在設計品質上的瞭解與提升。舉例而言，就好像要烹調一道美食，藝術的要素基本的原料，還需要一些方法或原理，蒸煮烤炸，口味各不相同。造型設計理念就好像是促進表現更加美味的食譜，概括來說，它們是**均衡、強調、比例、律動、漸變、反覆、單純、對比、多變、統整**等十項基本的原理。

3.1　關於　均衡

任何的藝術設計都含有一種秩序體系，以在秩序中追求一種均衡感。擁有創作力的設計師，心中有許多渾沌雜亂的構想，而這些構想有些可以利用，有些卻不能應用。是因為設計師希求作品達成某種結果而有所選擇，使設計作品形成一種秩序體系。未經思考的構想，經常是不成熟且雜亂無序的，便是缺乏一種秩序。然而設計師構組的秩序是有彈性的，由嚴謹到鬆散形成多樣的形式，可以是有形謹慎的秩序，或可以是自由而無形的秩序，這是攸關美感與品味的問題。嚴謹的秩序組成好似幾何圖形般工整的秩序，相對的，自由的秩序好像一首現代詩，沒有對仗、押韻等等規範，是屬於較為鬆散的秩序。自由而鬆散的組合較沒有固定的模式可以依循，此時秩序的形成是倚賴一種恰當而平衡的感覺，是為均衡(balance)。均衡，是指在視覺上所感覺質量的平衡感，並非實際可測量的重量。這種視覺上的均衡，常使作品

達成一種秩序，一種穩定性和一貫性。構成均衡的方式，簡單可區分為對稱的均衡與不對稱的均衡。

對稱的均衡：是一種較為簡易的均衡形式，指在假設的線左右、或上下、或對角線兩端互相對應相同對稱的形式，例如人類的身體就是左右對稱。對稱的均衡通常較易於達成規律、安定、整齊的感受，卻也較為保守與單調的形式安排。

圖3.1-1 嚴謹的秩序。
1921年蒙德里安《色彩構成》油彩 75x65cm，私人收藏，瑞士。

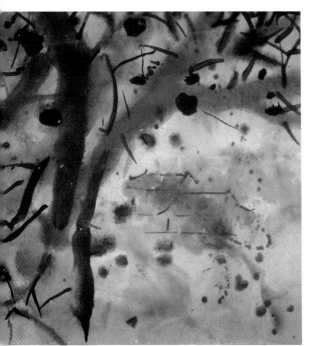

圖3.1-2 自由的秩序。作者繪《水墨風景》。

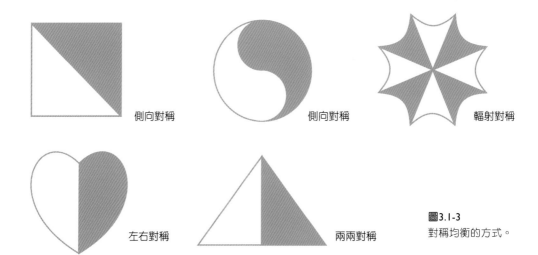

側向對稱　　　　　　側向對稱　　　　　　輻射對稱

左右對稱　　　　　　兩兩對稱

圖3.1-3
對稱均衡的方式。

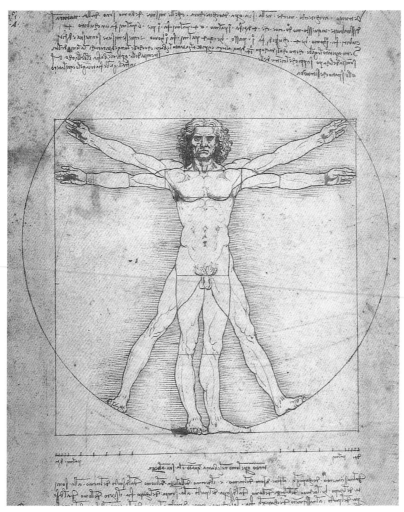

圖3.1-4
人體是對稱的形式。
達文西《圓與方》素描。

　　不對稱的均衡：是指在視覺上達到一種舒服的、適當的
平衡感，即使是無形的中線的兩端並不相同，也還可以利用
色彩、造形、空間、體積等要素達到均衡的印象。例如把少
數幾個較大的重量擺放在一邊，相對的另一邊，則放更多較
小較輕的重量來均衡狀態，此時重量則與數量、大小、位
置、色彩、形狀等變因有關。一般說來，就色彩而言，深沉

圖3.1-5　畫面中少女與鏡中影像，左右對稱的原則下求色彩與形的變化，仍取得均衡的意象。
1932年畢卡索《鏡前的少女》油彩 162×130cm，紐約現代美術館。

圖3.1-6
不對稱的均衡。
1927年康丁斯基《彩
屋與藍月》油彩
66x49cm。

的或鮮豔的色彩顯得較重,明亮的或淺色的色彩顯得較輕。
就造形而言,面積大顯得較重,面積較小顯得較輕,規則的
幾何形似乎也比不規則的形感覺重。就空間而言,相同的形
體,位置越遠離中心者似乎比靠近中心者感覺重。儘管如
此,視覺上的輕與重雖然時常受美感判斷標準而影響,卻對
設計的構圖佈局有決定性的影響。

　　對稱的構圖較容易取得平衡，不對稱的構圖似乎較複雜，也較不易取得絕對的平衡，而設計師在造型上無不用心經營，在背景與主題之間在主題物與副主題物之間對稱的構圖與不對稱的構圖交互應用，希求在趣味且多變化裡，也還能巧妙地達到一種美感上的均衡。

圖3.1-7　髮型的不對稱均衡。作者繪，毛筆畫。

73

3.2 關於 強調

當欣賞一件藝術品時，首先吸引著目光注意力的焦點是什麼？那通常是作品之中最重要的部分，也就是創作者所**強調**的內容，而此強調的焦點其重要性是遠超越同一作品中的其他部分。最為常有的強調主題只有一個或一個系列類似的題材，但也有許多的設計作品其強調的焦點並不只有一個，或有兩個，或有三個，設計師在構思作品時，通常避免有太多強調的焦點，如此會使作品顯得雜亂分散而令人混淆。

可以常見一些例子來說明**強調**的設計理念，設計師也經常應用技巧來安排構圖的焦點所在。譬如配合一般觀眾的**視覺習慣**作考量，當欣賞一幅畫時，大多數的人會習慣把目光置於畫面的中央，或者是略為偏右或偏左的位置。或對於人物肖像的臉部表情，尤其是眼神，特別易於成為注視的焦點。另外，設計師也常利用主配角之間的**差異性**，以**對比**的效果來強調焦點，例如以色彩、線條、造形、質感等要素造成對比的差異，以突顯主題。再者，以**孤立**或隔離的方式，來突顯所欲強調的焦點，都是常用來強調的技巧。

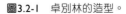

圖3.2-1 卓別林的造型。

媒體廣告經常以名人明星或俊男美女作為商品代言人,來增加商品的可看性,目的也在於強調商品。設計師發揮巧思應用許多技巧來吸引觀眾的注意力做更長時間的停留,使觀眾的視線流連忘返,對設計作品產生共鳴與喜愛,便是強調理念的用意了。

圖3.2-2 齊白石的畫作中,蜻蜓在孤立的方式中有突顯強調的效果。

圖3.2-3 誇大的眼部化妝有強調效果。作者繪。

圖3.2-4 於「形」的
誇大設計，產生強調
作用的造型。作者繪，
色鉛筆、彩紙拼貼。

3.3 關於 比 例

比例是指相對於作品中的其他部分而言,即部分與整體之間的關係,是作品之大小、高低、寬窄、厚薄等的比較,是與造形最密切相關的設計理念。早在西方古希臘時代,人們追求完美無瑕的美感,他們在人體各部位間追求一種和諧的美麗,於是找到了一種比例,頭身比,認為符合比例的人體最美,稱為黃金比例。而這種對於比例客觀的要求,也同樣表現在希臘建築與雕塑上。所謂頭身比,是指人的頭與身

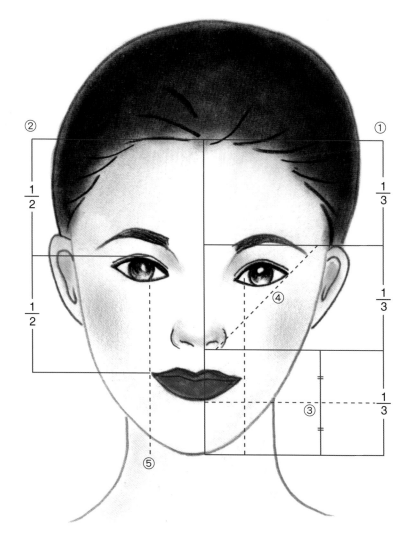

① 髮際至下巴分成三等分。

② 髮際至眼尾,眼尾至嘴角距離相等。

③ 鼻下至下唇,下唇至下巴距離相等。

④ 鼻翼、眼尾、眉尾能連成一45度角線。

⑤ 兩眼眼珠內側是嘴的寬度。

圖3.3-1 何謂均勻美人?理想中的臉部均衡尺寸。作者繪。

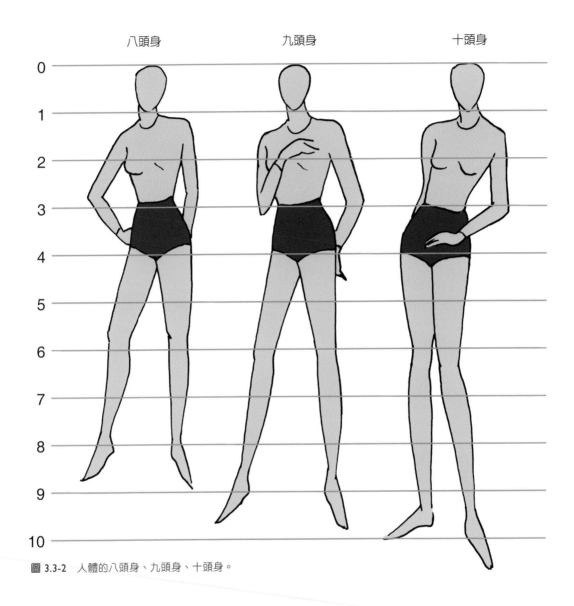

八頭身　　　　　　　九頭身　　　　　　　十頭身

圖 3.3-2　人體的八頭身、九頭身、十頭身。

體的比例，會隨著時代國情不同而改變其審美觀。例如古希臘人欣賞健美的身材，認為身體長度為頭的八倍的八頭身最美，中世紀的歐洲欣賞嬌小型的美女，認為七頭身最美，近代流行頭小長腿的美女，認為九頭身也是很美的。另外，人的頭身比例也會隨年齡而不同，一般成人的身長平均為頭的7.5倍，但是小孩或嬰兒的頭明顯比例較大，身體只有頭的5或6倍大。

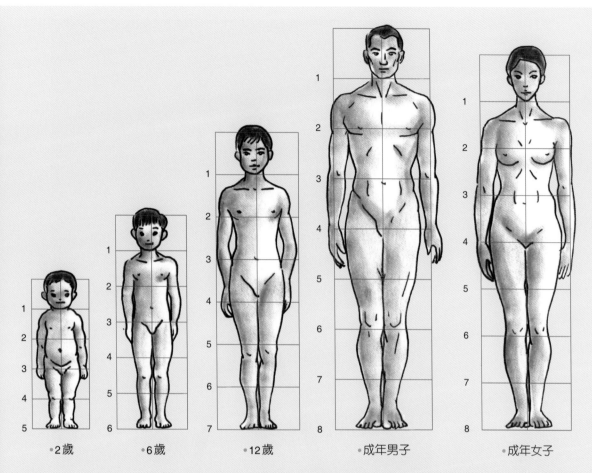

●2歲　　　　●6歲　　　　●12歲　　　　　●成年男子　　　　●成年女子

圖3.3-3　小孩至大人比例的比較。二歲大的孩子頭較大，腿較短，六歲大的孩子軀幹生長較頭部快速，身形發展成
「六頭高」。十二歲的男孩有七頭高，除了肌肉發展之外，身體結構相當類似成人。男性與女性最主要的不同點在於
女性的頭較小，這也就是為什麼雖然男性較高大，但全身長亦與女性同為八頭高。此外，男性肩膀較寬，女性骨盆較
寬，這是正確描繪的重點。作者繪。

　　　然而比例並不是固定不變的，所謂
真實的比例，是依據景物的真正大小做紀
錄，使眼睛所見的景物，其大小比例一目
了然。然而設計師在創作作品時並不一定只依
據真實的比例，經常在比例上作改變，**放大、拉
長、提高，抑或縮小、壓扁、減短**，以求在比例上的
轉變，能更切合其設計表現的主旨。

圖3.3-4　大力水手。卡通造型經常在比例上加
長或壓扁作改變，取得有趣的形象。

圖3.3-5 表現主義雕塑
家傑克梅第將人體比例
拉長，使人在空間中有
孤寂之印象。

　　造型設計師從事整體造型的設計應擁有對於比例的理
念，在髮型、頭飾、服裝、飾物的恰當設計來修飾與調整不
甚理想的體形，使體形線條更符合在理想比例上的美感。

3.4 關於 **律 動**

關於律動的形式，在藝術表現是與動作、動態有關，即動感的表現，在造型藝術中是以表達動態感覺為目的。一般說來，律動是與舞蹈、戲劇等藝術類別直接相關，當生物在運動時肢體移動產生的韻律美感，使人生起高低起伏的情感變化。除此之外，音樂作品的節奏，依旋律的流轉，同樣有抑揚頓挫的律動感。

圖3.4-1　杜象《下樓梯的裸女》向下伸展的幾何形，是下樓梯連續動作組合，令人產生律動的聯想。

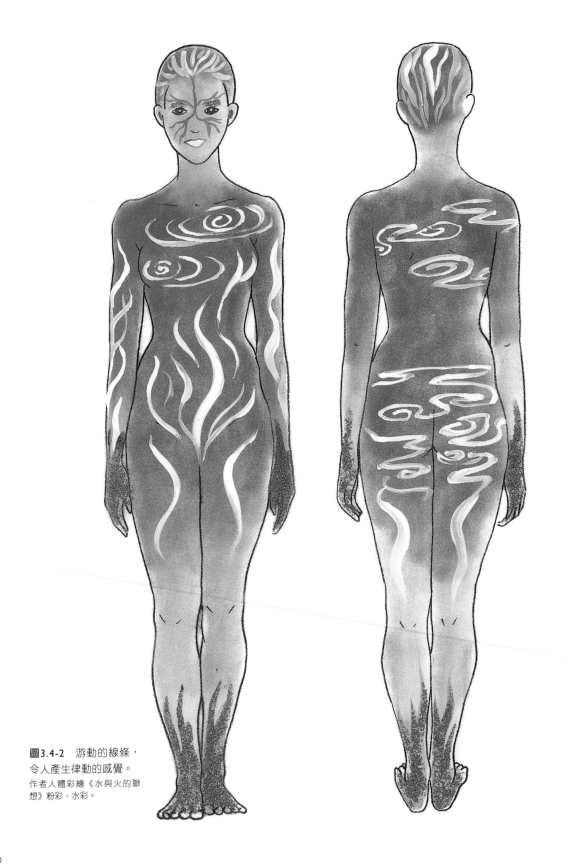

圖3.4-2 游動的線條，
令人產生律動的感覺。
作者人體彩繪《水與火的聯
想》粉彩，水彩。

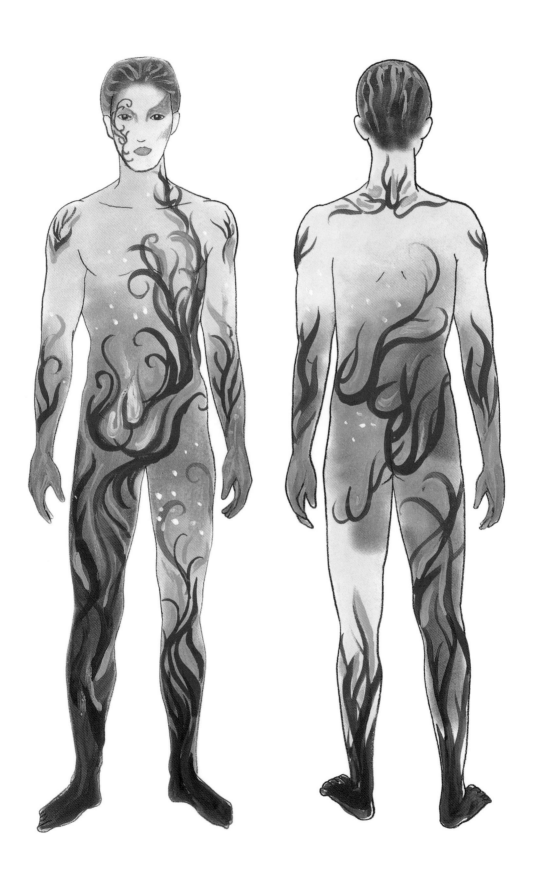

　　對於繪畫或雕塑的作品，本身並不會產生動作，律動是藝術家所造成視覺上動的感覺，對於畫面動態中的人事物產生動的聯想，而有律動的印象。

　　在造型與時裝的發表舞臺上，模特兒配合著音樂的節奏，搖曳生姿的臺步，在律動的過程中展現設計主題的活力。此外，平面的造型設計繪圖，設計師欲表現動態感的造型，線條的變化可令人產生律動的聯想，應用規律的線條變化，或以波浪般游動的粗細不同的曲線構成作品律動的效果。另外漸進的色彩變化，或漸進改變的形，導引欣賞者視線移動，也經常產生律動感。十九世紀畫家梵谷的作品，如《星月夜》，畫作的天空中有如火燄燃燒般的曲線，似乎幻化作漩渦般，導引著人們的目光，跟著律動起來。

圖3.4-3　挑染的髮型，令人產生律動的意象。
作者繪，粉彩、水彩。

3.5 關於 漸變

　　漸變，又稱**漸層**，以漸次等量變化的方式進行，呈現緩和而規律的層次變化。譬如形之由大而漸小或由小而漸大，或色彩之由深而漸淺或由淡而漸濃，或空間之由近而漸遠或由遠而漸近，又如音律之由強而漸弱或由弱而漸強等之變化，漸層理念具有緩和的動力感。

　　自然生態以漸變的方式存在的例子有很多，如隨季節變化的植物色彩由綠轉黃與轉紅，又如月亮之形的圓缺轉變。

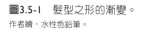

圖3.5-1　髮型之形的漸變。
作者繪，水性色鉛筆。

圖3.5-2 眼影之明度漸層。
作者繪，粉彩、色鉛筆。

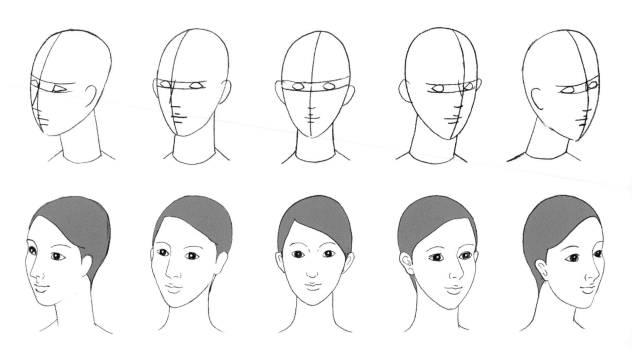

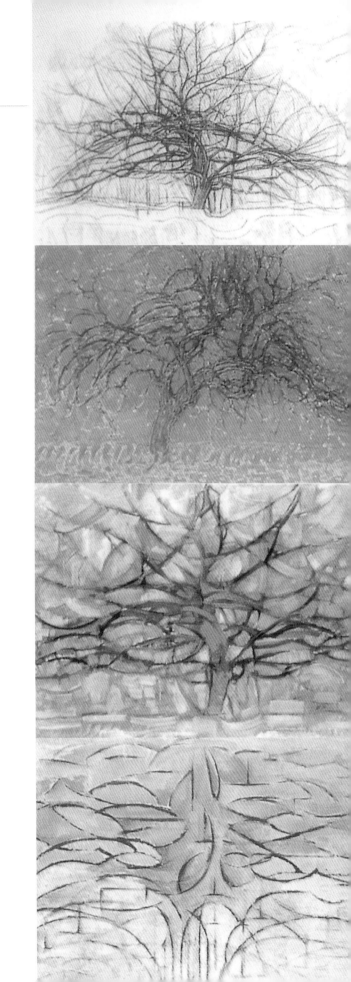

圖3.5-3　形之漸變，樹之寫實到抽象。
1908~1912年蒙德里安《一棵樹》油彩、素描（連作）。

漸層原理的應用有如登階一般，是溫和的進行方式，使差異性大的兩者，依循序漸進的變化，而達到融合的結果，故為人們所喜愛採用的設計理念，日常生活應用極為普遍。

彩妝畫常表現層次美感，由粉底基礎明色到暗色的漸層混色，彩妝單色漸層到多色漸層。漸層技巧的應用表現立體的五官，由濃到淡，由淺到深，自然柔和感的層次，甚至多達數十種的層次變化，表達自然立體的美感。

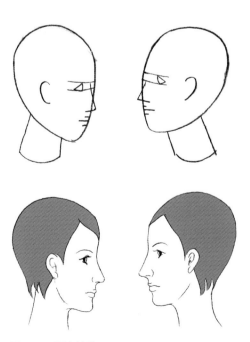

圖3.5-4　頭之轉動。作者繪，鉛筆。

3.6 關於 反覆

圖3.6-1 物體藉由鏡子的反射,不僅使空間效果擴大,在數量上產生重覆的效果。

　　反覆理念是應用相同或**相類似**的形式為基本單位,以重覆出現的方式,使人產生繼續進行的印象,而產生統一、整齊、單純的感覺。藝術家在應用反覆原理時經常採用較為固定一致的圖案或簡化的形,經由在視覺上不斷地重覆,而提高視覺上對於該圖案的注意。這可更進而擴增該圖案刺激視覺反應的效果,甚至藉由圖案的重覆達到眾多的數量,形成一種數大凝聚的美感,而且經過整齊排列反覆的圖案,常具

有極佳的裝飾作用，比起單一個
圖案，更具有強調的作用。

　　以相同或類似的形式反覆出
現，大多是以整體的秩序性為考
量，希求反覆理念能成就「數大
是美」的一致性與規律感。但是
完全不變的反覆，則容易流於單
調呆板的感受。

圖3.6-2　指甲彩繪設計成為流行，雖然指甲片
可設計彩繪之面積不大，但十指之彩繪，仍有
反覆之作用，成為造型設計的重點之一。
作者繪。

圖3.6-3　模特兒的造型有反覆的效果。

3.7 關於 單 純

　　由反覆的原理應用，常形成一種單純、統一的印象，設計師將複雜的事物整理簡化，不論是線條、造形、色彩、質感或音律，單純化的結果更能顯示出事物的本質。

　　單純原理常造成簡單、樸素、確實的感覺，現代的抽象造形藝術朝向單純本質的表現方式成為幾何形或簡化的自由形。例如寫實到抽象的樹，便捨棄繁雜的枝節，將造形的本質單純化，呈現抽象的線條之美，還帶給欣賞者更寬廣的想像空間。

圖3.7-1　亞當、夏娃使造型回歸到最單純。杜勒《亞當、夏娃》素描。

圖3.7-2　形的簡化構成，和色彩的塊面化，有單純之意象。畢卡索《睡覺的女人》。

圖3.7-3　小孩子有獨特的單純氣質。魯本斯《兒子肖像》色鉛筆。

圖3.7-4　小孩子的髮型裝束時髦可愛，流露出天真單純的神情。宋代《冬日嬰戲圖》（局部）。

3.8 關於 對比

　　當行走在道路上時，是否曾注意到電線桿是漆上黃色與黑色相間的條紋，來警告路人勿觸高壓電桿，因為黃色屬於鮮明的顏色與黑色相間成為強烈的對比，容易引起注意。當差異性大的兩方並列時很容易令人注意到其中所突顯出的差異點，譬如大與小、高與矮、胖與瘦、忠與奸、善與惡等等，這是所謂的對比。設計師也常以造型、質感、色彩、空間上對比的配置，來強調訴求的主題。

　　在大自然當中，常見對比性極大的兩方，經常也產生互補中和的效果，例如酸與鹼，冰與熱，堅石與柔水等等。對比原理的應用，具有比較對照的作用，對比性越大，兩方的差距越大，感覺越明顯、強烈。巧妙的對比設計經常可以凸顯出雙方的差異性，有戲劇化的加強效果。但是在強調對比的設計作品中，還需在對比的情況下取得其協調性，例如在大小位置上分出主副來搭配，才不至於怪異俗氣。

圖3.8-1　色彩的對比效果，易引起視覺上的注意。1908年馬諦斯《饗桌上》，油畫。

圖3.8-2 年輕與老年的對比。臉型的改變，膚色的不同，肌肉的下垂鬆弛，和皺紋的產生都可以表現老年。
作者繪，色鉛筆、粉彩。

3.10 關於 統整

圖3.10-1　充滿時尚感的創意整體造型設計。嘉南藥理大學化粧品應用與管理系提供。

　　統整，是指達到整體感，使作品中每一分子的組合達到和諧且恰到好處的境界，對於多樣化的表現形式做整合，來達到整體感的歸屬。在整體的搭配中並沒有任何一分子令人感覺是多餘的或是奇怪不恰當的，也就是說，即使互不相同的每一

分子在某種特質或風格上仍感覺相似且調合的。舉例來說，假若主題是表現具中國古典風格的整體造型，可能選擇包頭式的髮型，素雅淡色的粉妝，搭配山水畫扇和造形雅緻的服裝等等，假若想要身體彩繪花朵來裝飾，畫些幽蘭點綴或許適合，若選擇鮮豔大朵向日葵花，在感覺上便有格格不入的感覺，而破壞了整體感。設計師經常應用一些技巧在促進整體感，以達成統整的形式原理，例如應用調和的原理取其類似的共同點，來取得融合的效果，是一種溫和、安詳的方式。換言之，限制其變化的要素，譬如形的類似，轉而大量在色彩或質感上做變化。再者，將不同的形體以聚合的方式，使圍繞在局部的空間中，或互相面對或部分重疊，使人產生統整凝聚的感覺。

圖3.10-2　作者《唐代仕女造型畫》粉彩、水彩、水性色鉛筆。

Materials and Facial
Feature Drawing

彩繪工具
與五官畫法

有效地應用材料工具，以確保創作意念的自由表達，
然材料的選擇上不必拘泥，只要能符合造型彩繪的效
果，任何材料皆可運用。

4.1 彩繪的 工具材料

繪圖創作需理解與掌握材料工具的特性，有助於使設計作品達到最佳的效果。有效的應用材料工具，才能確保創作意念的自由表達，使筆隨意轉，游刃有餘。然而工具材料對於造型設計繪圖而言，是方法而非目的，在材料的選擇上，不必過於拘泥，只要能符合造型繪圖學習的要求與效果，任何材料皆可運用。

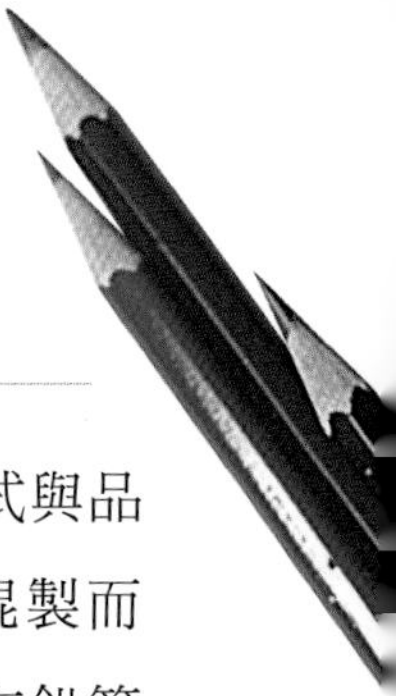

● 鉛筆

是素描練習時最常用的表現筆材，目前市售的款式與品牌相當多種。一般說來，鉛筆筆心是由膠質與石墨混製而成，兩者混合的比例不同，產生不同的軟硬度。通常在鉛筆末端會以「B」(Black)及「H」(Hard)的號數標示其軟硬度。「H」的號數越高，筆心越硬越淡，適合精密描繪。「B」的號數越高，筆心則越軟越黑，比較適合素描練習使用，其中又以2B、4B、6B最常使用。而介於兩者之間的「HB」或「F」(Firm)屬於較硬筆心，多用於書寫筆記。

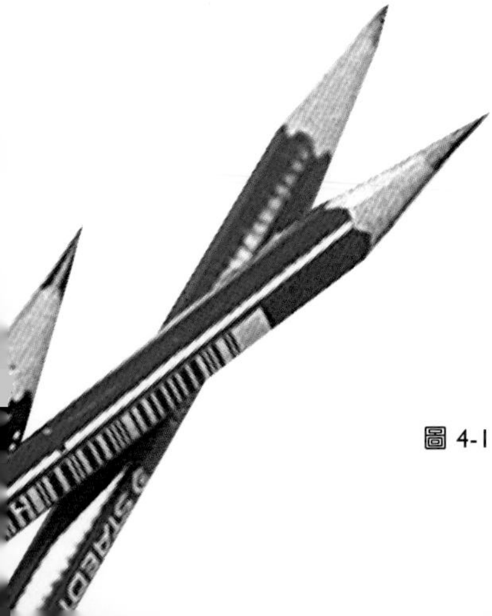

圖 4-1 鉛筆是很方便的畫材。

● 紙

　　紙張依據其材質、紋路、色澤區分成許多種，各類紙張如素描紙、水彩紙、描圖紙、宣紙、粉彩紙、光面紙與各種色紙等，以所應用的筆材及效果要求作選擇。純白色素描用紙紙質較結實強韌，耐擦拭不易起毛，且紙紋較粗，使炭色容易附著，塗抹均勻，是初學者不錯的選擇。

● 輔助工具

橡 皮

　　常用的有兩種，第一種是**製圖橡皮**，可得到較為清潔與銳利的擦拭結果。另一種為**軟橡皮**，有較為溫和的擦拭結果，除了具有修改錯誤的功能，也能調整畫面上明暗調子的強弱，更是可任意捏塑的白筆。

紙 筆

　　作為代替手指的暈擦工具，可使炭色壓進紙張纖維中，以獲得較均勻細膩的質感。作為暈擦工具，眼影棒、筆刷、海棉等亦是不錯的嘗試，唯須注意暈擦時不可過度用力，以免磨破紙面，造成缺陷。

圖4-2 輔助工具。
1. 大筆刷（清潔紙面用）。
2. 眼影刷。
3. 一般橡皮擦。
4. 軟橡皮，可隨意塑形。
5. 眼影棒，粉質畫材的暈擦工具。
6. 素描用硬橡皮筆。
7. 紙筆，鉛筆暈擦工具。

圖4-6　粉彩條。

粉 彩

粉彩是一種不透明的固體顏料。比色粉筆軟一點，被製成長條柱狀，可在紙上描繪、混色，適合做較大面積的塗繪，是一種易於應用且藝術性高的畫材。粉彩最大的特色是它可以非常輕鬆地加以推擦混色，做出均勻的漸層效果。另外，混色、疊色也相當方便，例如可以在塗過暗色的地方，再塗抹上淺色，以手指輕推，或以紙巾輕抹，即得均勻的混色結果。色彩可以一層一層的加上去，錯誤的地方也可以橡皮輕易擦拭。以粉彩繪圖，依粉量的多寡可分成薄塗法與厚塗法，依表現的手法技巧而異。粉彩因其粉性特質，略加推勻，可以將不需要的筆觸勻開，得到如雲霧般輕柔光滑的質感。例如造型設計繪圖時，粉底妝立體的明暗表現，彩妝的表現或髮的蓬鬆質感，背景的漸層等等。現今粉彩已在繪畫領域占有一席之地，專業的粉彩畫家甚至能以粉彩創作出極寫實又優美的藝術作品。

粉彩筆的品牌眾多，市售常見的粉彩筆可略分為乾性粉彩筆與油性粉彩筆，兩者性質大同小異，唯乾性粉彩筆較油性粉彩筆質地略為乾鬆，更易推勻，而油性粉彩筆較乾性粉彩筆色澤略為明亮。兩種粉彩筆的色彩在紙上皆呈現粉末狀，完成繪製的工作時，以素描固定噴膠固定保護作品，是必要的步驟。

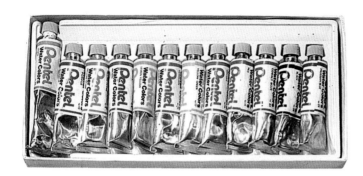

圖4-7　水彩工具。

水 彩

　　水彩是常用的顏料之一。水彩能容於水，色彩濃淡決定在於水份的控制上，可以製造水份渲染的瑰麗效果，配合大小不同的水彩筆使用，可變化出各種靈活豐富的筆觸，當大幅面積的塗繪，有快速簡明之效。一般常見的水彩顏料，可分為透明水彩與不透明水彩。透明水彩，其色感較為清澈透明，疊色後能呈現輕快淡雅的質感。不透明水彩，類似廣告顏料，其色彩不透明的特性，色感較豔麗渾厚，若進行多色混色較易產生髒污感。故使用不透明水彩，適合把水份調到適當，再以平塗的方式描繪，待乾後再加上一層色彩。

　　一般而言，水彩的使用比較具技巧，原因在於混色過程較為複雜，且水份的控制須依經驗判斷，故為進階的表現媒材，其藝術性亦高。常用的技法有縫合法與重疊法。**縫合法**，以清水在所計畫繪圖之區域略微打溼，再將調好的色彩塗繪上去，當兩色接縫處，可做出美麗的渲染與漸層效果。**重疊法**，每次待顏色乾後，再重疊上新的色彩，需考慮底色的問題，再將色彩重疊上去，以產生豐富完整的色彩。

4.2 關於五官的畫法 眼 睛

Step 1

以優美的弧線畫出眼睛的輪廓，
眼尾比眼頭略高，眼型略上揚，
兩眼之間距約為一眼寬。

Step 2

眼球內有眼珠，眼珠內有較深色
的瞳孔、較淺色的虹彩（以上深
下淺漸層畫出）與反光。

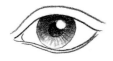

Step 3

眉頭在眼頭上方，眉尾、眼尾與
鼻翼成45°線。畫上嬌媚捲翹的睫
毛、造型優美的眉型。

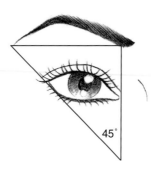
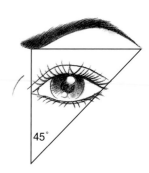

Step 4

闔眼時，眼睛呈現優美的曲線，
靠近睫毛處以紙筆暈擦，以增加
睫毛濃密感。

▶ **雙眼皮的眼睛**
聰慧、大方。

▶ **單眼皮的眼睛**
理智、機伶。

▶ **圓而大的眼睛**
活潑、明朗。

▶ **眼尾下垂的眼睛**
優雅、嬌柔。

▶ **細長的眼睛**
謹慎、穩靜。

眉

眉的形式千變萬化、種類很多，優美的眉型更可襯托出亮麗的雙眸，眉型的畫法應自眉頭順至眉峰轉折再至眉尾結束。

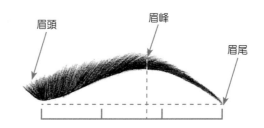

▶ **柳葉眉（標準眉）**
眉峰挑高眉尾下降至與眉頭齊平。

▶ **小山眉**
眉峰緩和較不明顯。

▶ **雙燕眉**
眉峰在中間。

▶ **秋波眉（長眉）**
眉頭至眉尾以緩和的弧線上揚。

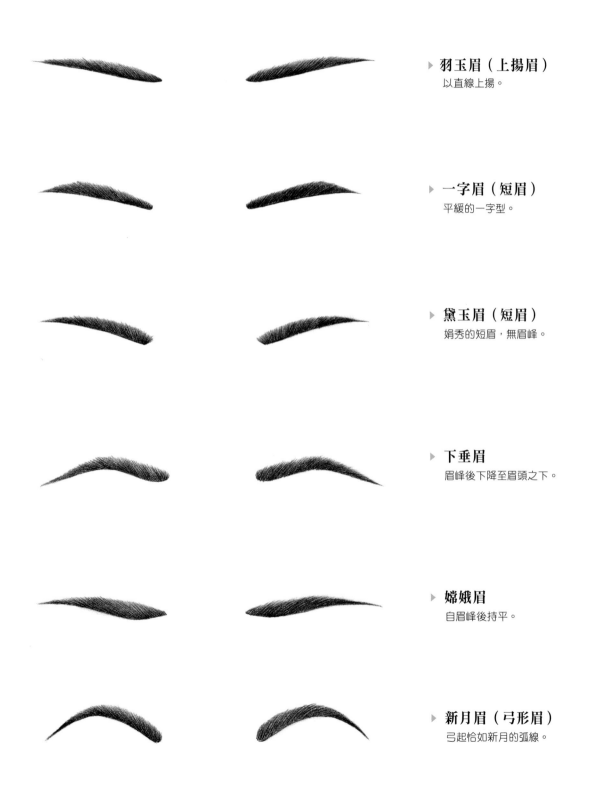

▶ **羽玉眉（上揚眉）**
以直線上揚。

▶ **一字眉（短眉）**
平緩的一字型。

▶ **黛玉眉（短眉）**
娟秀的短眉，無眉峰。

▶ **下垂眉**
眉峰後下降至眉頭之下。

▶ **嫦娥眉**
自眉峰後持平。

▶ **新月眉（弓形眉）**
弓起恰如新月的弧線。

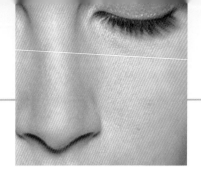

鼻 子

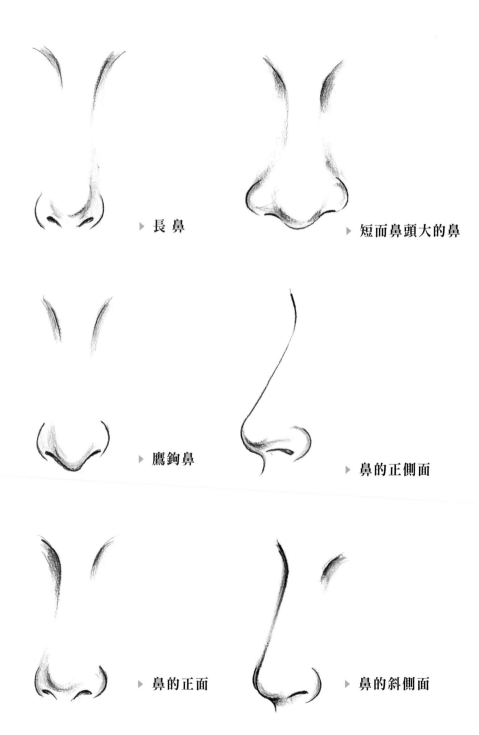

▶ 長 鼻

▶ 短而鼻頭大的鼻

▶ 鷹鉤鼻

▶ 鼻的正側面

▶ 鼻的正面

▶ 鼻的斜側面

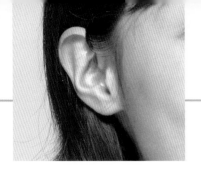

耳

耳的畫法，應畫出外耳廓、耳骨之凸起、耳洞與耳垂四部分。

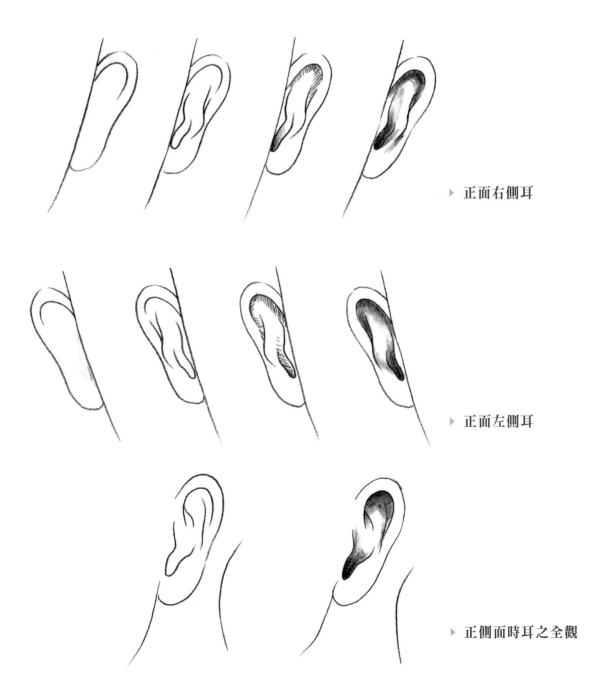

▶ **正面右側耳**

▶ **正面左側耳**

▶ **正側面時耳之全觀**

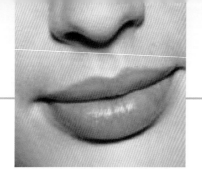

唇

　　唇的畫法，應以美麗的弧線畫出唇角、唇峰、唇珠等部分，且下唇比上唇略豐厚。

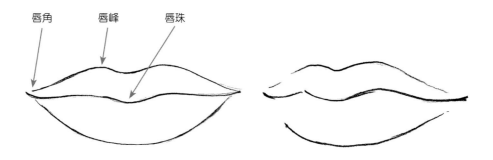

唇角　　唇峰　　唇珠

▶ 正面的唇，左右對稱，
下唇比上唇略豐厚

▶ 面側向右邊的唇

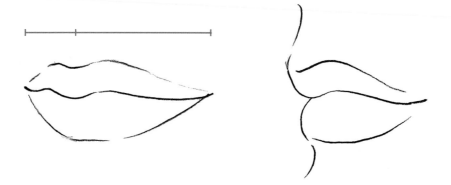

▶ 面斜側向右邊的唇

▶ 正側面的唇

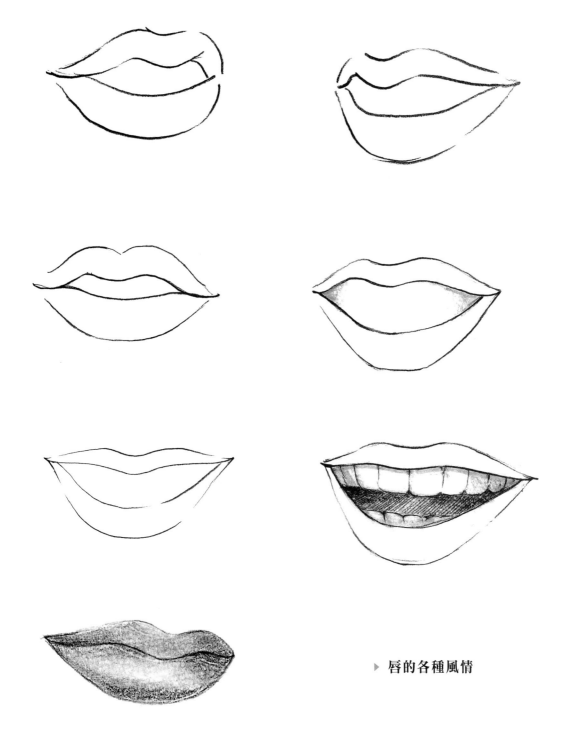

▶ **唇的各種風情**

Practical Examples
to Style Design

設計繪圖
表現實務

在整體設計的過程中，髮型、化妝、服裝飾物與身體彩繪部分，能夠在造型、色彩、材質等考量上達到協調的藝術。

鉛筆表現範例

[鉛筆表現實務]

1. 仔細畫出輪廓線與髮流。

2. 以2B、3B、4B等鉛筆畫出明暗作為底色。

3. 明暗層次再加強對比，使髮色亮麗立體。

4. 以紙筆暈擦，使漸層而質感柔和，勿太過用力磨擦致損紙面。

5. 鉛筆與紙筆同時交替並用，畫出頭頂髮的質感。

6. 完成頭髮部分。

7. 2B鉛筆挑出優美眉型。

8. 以眼影棒暈出眼部化妝。

9. 畫上腮紅，使臉部更立體。

10. 以紙筆畫出唇的質感。

11. 完成臉部化妝表現。

12. 以6B鉛筆勾勒線條。

13. 同時以紙筆暈擦修飾，留
　　白部分利用軟、硬橡皮進
　　行光澤度的修飾。

14. 製造出髮的明暗質感，有
　　豐富的層次感。

15. 買的網點紙（透明的）有
　　多種圖案，以美工刀，切
　　割形狀，貼出服裝花紋。

16. 在服裝暗色部分，重覆貼
　　網狀的網點紙，使其顏色
　　變暗，完成。

色鉛筆表現範例

[色鉛筆表現實務]

1. 以鉛筆仔細構圖，畫出輪廓、五官和髮型。

2. 色鉛筆畫出五官。

3. 畫出髮的質感與造型。

4. 靈活運用色鉛筆顏色方便更換的優點，以多色同時進行描繪。

5. 淺色為底，深色再加於其上。

6. 依次分區完成髮的表現。

7. 髮色的表現，色鉛筆可多色重疊，十分方便使用。

8. 畫出眼鏡框。

9. 修飾鼻的立體。

10. 修飾臉部立體感。

11. 畫出唇的質感。

12. 以橡皮擦出鏡片反光。

13. 繪出T恤，完成。

化妝品表現範例－華麗感化妝

[化妝品表現實務]

1. 以鉛筆構圖出輪廓造型。

2. 軟橡皮擦淡鉛筆之痕跡。

3. 色鉛筆描出線條。

4. 以眼影棒尖端沾褐灰色眼
影畫出眉形。

5. 再以色鉛筆挑出眉的毛髮
質感。

6. 眉尾加重，修飾出完美眉
形。

7. 眼影刷上粉紅色眼影，畫
出淡色眼影化妝，同時刷
上白色眼影，可使漸層更
加柔和。

8. 軟橡皮擦拭多餘的部分色
彩，或可降低色彩濃度。

9. 眼影棒沾紫色眼影，靠近
眼睛部分，色彩加重，有
明暗漸層變化。

10. 橡皮擦出眼尾眼影形狀。

11. 色鉛筆畫出眼線與睫毛。

12. 畫出眼神。

13. 紫色鉛筆再加強眼尾,使眼部化妝更立體。

14. 眼影棒以褐色眼影修飾鼻影。

15. 以腮紅色與白色眼影輕刷出腮紅。

16. 以紅色眼影、色鉛筆畫出唇的質感。

17. 黑色眼影,畫出髮色。

18. 完成紙上化妝,並噴上素描用固定噴膠以保護畫面。

粉彩表現範例

[粉彩表現實務]

1. 仔細畫出輪廓線條與髮流。

2. 以軟橡皮擦去多餘鉛筆炭粉，留下淺色底稿。

3. 以刀片削出許多膚色相關粉彩粉末備用。

4. 以筆刷沾粉彩。

5. 刷出理想的膚色。

6. 包括臉與脖子部位。

7. 手指是很好的暈擦工具。

8. 以大筆刷清除多餘粉末。

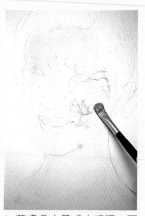

9. 若膚色太黃或太暗沉，可以粉紅與白色粉末加以調整。

10. 以橡皮擦清除畫面不要部分。

11. 刷出陰影。

12. 刷出陰影。

13. 刷出陰影。

14. 以白色粉彩條在鼻樑明色修飾以突顯立體感。

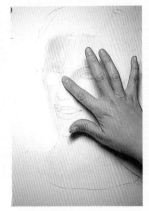

15. 手指按壓。

16. 白眼球內色彩以橡皮擦拭。

17. 黑色粉彩條畫出頭髮。

18. 再以手指將粉末暈開。

19. 軟橡皮修飾較亮處。

20. 色鉛筆畫瀏海。

21. 完成頭上花朵裝飾。

22. 畫出眉形。

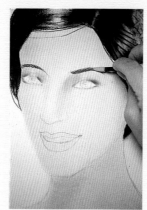

23. 深灰色眼影以眼影棒暈出眉形。

24. 眼影棒畫出自然色彩的眼影。

25. 眼尾之眼影色彩加重。

26. 畫出眼神。

27. 畫出眼線。

28. 色鉛筆加重眼尾色彩。

29. 白眼球修飾。

30. 眼影棒擦出鼻影。

31. 鼻頭修飾。

32. 以眼影棒沾紅色眼影畫上唇色。

33. 接近完成。

34. 刷上腮紅，顯出紅潤氣色。

35. 加強脖子陰影。

36. 完成，並噴上素描用固定噴膠以保護畫面。

水彩表現範例—蝴蝶彩繪造型

[水彩表現實務]

1. 仔細畫出設計稿。

2. 淡藍灰色刷出底色。

3. 以較深的藍灰色畫出髮的
造型。

4. 以更深的藍灰色加強線
條。

5. 刷上淡膚色。

6. 膚色完成。

7. 畫出陰影。

8. 下巴陰影再加強,使臉部
更立體。

9. 畫出服裝色彩。

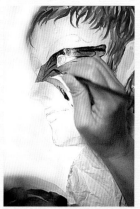

10. 為臉部蝴蝶彩繪上色。

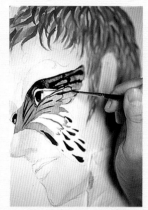

11. 畫出蝴蝶翅膀之花紋。

12. 尾翅花紋描繪。

13. 以小筆畫出曲線蛾眉。

14. 以黑色描繪眼線加深眼部
輪廓線條及勾繪長睫毛。

15. 上唇色，與尾翅花紋之紅
色成搭配。

16. 加深鼻之色彩，使鼻更立
體，畫出長睫毛。

17. 加深眼凹處色彩。

18. 完成。

立體表現範例 《戲劇造型—虎紋妝》面具人體彩繪

[立體表現實務－面具]

1. 準備一紙面具（或石膏面具）。

2. 以紙黏土塑形。

3. 以紙黏土塑形。

4. 以水彩之黃色和橙紅色畫出底色。

5. 橙色與黃色自然交融。

6. 黑色畫虎妝之眼線。

7. 暗紅色畫出鼻子。

8. 黑色描出鼻孔。

9. 黑色線條有加大嘴巴的效果。

10. 貼上假牙。

11. 初步完成。

12. 畫上咖啡紅虎紋。

13. 黑色曲線畫出虎皮紋，上揚的眉，使虎面更有生氣。

14. 面之周邊皆需畫出黑色虎皮紋。

15. 鼻之色彩。

16. 額之色彩。

17. 畫出嘴邊鬚毛。

18. 完成。

作品賞析 [鉛筆表現範例]

[化妝品技法範例—新娘化妝設計，配色應求喜氣與潔淨]

▶ 擴散式眼影，加強眼線。

▶ 紫色系眼影，並加強眼
部立體感。

▶ **類似色—**
粉橘色系搭配，溫暖柔和感。

▶ **對比色—**
粉紅與鮮綠搭配亮麗華貴感。

▶ **紅妝式化妝—**
金黃與紅色系配色，中國式的
喜氣感。

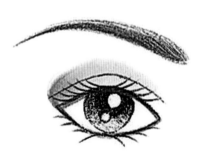

▶ **倒勾式眼影—**
綠的配色，眼睛擴大，雙眼皮
明顯的效果。

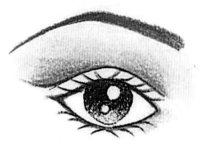

▶ **假雙式眼影一**

銀白與藍色配色，勾劃出
時髦前衛的化妝。

[一般淡妝練習範例]

▶ 清純秀麗的。

▶ 嬌柔可愛的。

▶ 活潑外向的。

▶ 自然明豔的。

▶ 高雅知性的。

▶ 古典端莊的。

▶ 開朗熱情的。

▶ 叛逆前衛的。

[色鉛筆表現範例]

[色鉛筆加化妝品表現範例]　[粉彩表現範例]

[粉彩表現範例]

[水彩表現範例]

Classical Makeup
in Chinese History

中國歷史
經典化妝

圖6.1 方額，蛾眉，上揚鳳眼，椎髻髮式。東周戰國後期，湖南長沙楚墓出土，《人物夔鳳圖》局部，年代約西元前三世紀，於1949年出土，湖南博物館典藏。

一、 蛾眉椎髻妝

中國在古代出土的文物中發現許多人物造型特色的文物，人形陶俑、青銅人物雕塑、繪畫、石刻浮雕等，顯示時代歷史的妝扮型態。古代婦女經典的化妝造型，初始推見，東周戰國後期（約西元前475~221年）湖南長沙楚墓出土布帛畫《人物夔鳳圖》（圖6.1），是當今發掘最早的布帛繪畫史料之一，畫面上出現女子面容特徵為「**蛾眉椎髻妝**」，化妝造型特徵是蛾眉、鳳眼、椎髻髮型。椎髻，束髮而成椎形於頭後的髮型，結髻形式以織品髮帶纏繞呈現椎髻形式髮型簡單樸素。

早期文物史料提及的審美觀對於五官的讚美，戰國時期楚人宋玉於《神女賦》提到：

「眸子炯其精朗兮，瞭多美而可觀，眉聯娟以蛾揚兮，朱唇的其若丹。」

其中「眉聯娟以蛾揚兮」形容神采飛揚的蛾眉，為眉尾上揚的曲線，使神情威嚴而端莊，「朱唇的其若丹」則表示健康紅潤的唇色。除了五官的清秀，巧笑倩兮，美目盼兮，形容眼部與唇部是魅力焦點的所在，亦闡明古今化妝修飾在色彩與造型上的用心。

二、 翠眉紅妝

中國在化妝歷史起始很早，多從宮廷仕女爭奇鬥豔妝點容顏開始，一般婦女隨之仿效，繼而流傳開來，由文人學者在經典史籍中傳述。近代在河南省安陽市西北郊所發現的殷墟遺址（商代），發現生活梳妝用具和服飾，例如玉器飾品、銅鏡、研磨粉妝材料的玉石臼及調色盤狀的物品、朱砂

（紅）等顏料，可見早在商朝化妝已是生活禮節。

「翠眉」、「紅妝」為先秦時期婦女化妝的重點，「翠眉紅妝」也曾登宮廷皇室大雅之堂，蔚為流行，成為經典的東方婦女化妝型態。配合東方人烏黑髮色，眉色以深灰、棕色、黑色等最為常見。其記載見於宋代四庫全書高承《事物紀原》卷三：

「秦始皇宮中悉紅妝翠眉，此妝之始也。」

有關「紅妝翠眉」的考據，「眉黛」一辭產生於戰國時期，「黛」是婦女用來畫眉的顏料材料，也有綠色成分的款式，與胭脂的「紅妝」相互輝映，於是「翠眉」、「紅妝」曾在歷史上引領風騷。依據《事物紀原》記載：**「拂青黛蛾眉」**，說明以黛青畫眉，描繪出蛾眉造型。此翠眉紅妝在古代經典中多有描述，婦女以青黛顏料描畫雙眉，以胭脂紅粉妝點臉頰，成為美的特色。

「紅妝」、「紅顏」一辭在中國意思形同婦女的代名詞，婦女使用胭脂來妝點臉頰，使臉部氣色看起來紅潤，表現身體健康氣血充足的美貌佳人。相傳胭脂的使用普及得很早，根據《二儀錄》所載：

「燕支起於紂，以紅藍花汁凝脂，以為桃花妝，燕國所出，故曰燕支。」

「燕支」即是「胭脂」早期的名稱，作為紅妝的基礎，是婦女日常彩妝的必備材料。

相傳胭脂原產於中國西北方匈奴地區的焉支山一帶，貴族仕女用來裝飾臉面。西元前139年，漢武帝派遣張騫出使西域以聯繫西域各國邦交而引進中國，胭脂的原料來自植物花朵花瓣，製成深淺不一的胭脂紅。到了南北朝時期，加入動物油脂，成為脂膏型態，胭脂於是定名。

古時對於婦女青春之美的觀點，「紅妝」是美顏的必備條件，而紅妝的顏色濃淡也依各時代對於開放的觀念和道德的標準而有淡雅和濃豔的區別。唐代典籍宇文氏《妝臺記》記載：

「秦始皇宮中，悉好神仙之術，乃梳神仙髻，皆紅妝翠眉，漢宮尚之。」

另外，宋代的傳奇《驪山行》形容唐代楊貴妃的美貌：

「目長且媚，回顧射人，眉若遠山翠，臉若秋蓮紅，肌豐而有餘，體妖而婉淑。」

其中的形容眉眼容貌色彩的語詞「眉若遠山翠，臉若秋蓮紅」，便是「翠眉紅妝」的寫照。這些表達紅妝的語詞，象徵粉飾胭脂盛妝的婦女在社會形象的表現，瞭解依不同時代環境婦女所做的新穎妝式，欣賞各個時期的流行趣味，自然另有一番境界。

三、 鉛白妝

在亞洲地區東方審美觀所謂「一白遮三醜」，白皙膚色一向是時尚女性的追求，「白妝」可以襯托出五官明顯，容光煥發的青春美感。東方婦女在美顏的觀點上喜愛白皙的膚色，以白色粉妝塗敷飾面是古代婦女化妝的第一個步驟，又稱「白妝」。

《楚辭》〈大招〉記載：「粉白黛黑施芳澤。」

意思泛指婦女的妝飾過程。「粉白」是搽粉使面容皮膚白皙，「黛黑」則是畫眉使色濃。一般婦女素雅的粉底妝飾，是將化妝用粉均勻塗佈容顏、頸部、乃至前胸（唐代），使肌膚有潔白柔嫩的質感，稱為「白妝」。五代馬縞《中華古今注》〈頭髻〉記載：

「梁天監中，武帝詔宮人梳迴心結，歸真髻，作白妝青黛眉。」

古代好白，現代人也好白，白皙透亮的細緻容顏是東方仕女古今不變美的標準。白妝起始很早，依塗抹厚薄有濃淡妝之分，薄塗有修飾整體膚色暗沉之效，增添皮膚潔白柔嫩的光采，厚塗是濃妝的粉底，有遮蓋缺陷和使彩妝更明顯生動的結果，在正式隆重的場合的表現方式。

不論是中西方，「鉛白」製成粉妝材料皆歷史悠久，依據宋高承《事物紀原》〈卷三〉記載：

「周文王時女人始傅鉛粉，秦始皇宮中悉紅妝翠眉，此妝之始也。」

古代「鉛白」是很早使用在婦女面容的粉飾材料，有較強的附著力和光澤感，使用後肌膚散發如珍珠絲緞般光澤，潔白細緻增添美感。鉛粉古時又名光粉、定粉等名稱，《天工開物》·〈卷十四〉記載古代鉛白製法，這些粉飾材料皆以潔白顏色為主，自古而來有多樣性配方製品，為考量保存條件供日常生活仕女妝飾使用，其中添加鉛白（光粉）在使用上較為普遍，因此稱為「**鉛白妝**」。

除了「鉛白」，古時候也常見以「錫粉」、「水銀」（汞）製作白妝材料的作法，三者均具毒性，長久使用會導致皮膚病變。近代由於醫藥進步促使藥品管制，各國皆立法禁止使用有毒成份於化妝品，為化妝品安全性把關管理，而古代婦女為美貌所畫白妝材料，內添加有毒物質含鉛汞等現象，在現代人注重美貌更重視健康的觀念下，已被嚴格禁止添加使用。

中國文學中形容女子鉛白妝的景況，對於卸妝素顏反璞歸真的情景，又有「洗盡鉛華」之說。例如《樂府詩集》〈橫吹曲辭五〉之〈木蘭詩二〉：

「易卻紈綺裳，洗卻鉛粉妝。」

歷代的妝飾藝術觀點裡，美白的審美觀一直是不變的準則，而**鉛白妝**的妝飾也未間斷。

四、三白妝

所謂「**三白妝**」指的是在額頭、鼻樑、下巴這三個地方上的顏色塗上白色，加強修飾，用來營造出臉部的立體感，常見於中國傳統人物畫。歷史典籍鮮少提及「三白妝」該名詞，可能因為這是一種修飾臉部立體感的方法，完妝後看起來自然妝感較不明顯，利用白色等明色在視覺上膨脹凸出的色彩原理，使額頭、鼻樑、和下巴臉部T字部位看起來更為凸出。此種化妝修飾法常見於古代書畫中仕女容顏，由於東方人臉孔較為平面，三白部位的修飾能使五官看起來較為深邃立體。

化妝是根據臉型，運用化妝技巧和化妝材料進行修飾美化，使之接近和符合美的要求。面部的層次應是，以前額為橫，鼻樑直，與下巴形成臉部的「T」字部位，一般而言，現代的臉型立體感修飾，多朝向所謂「自然感修飾法」。此法運用色彩概念效果，白色等明亮的色彩在視覺上造成前進、膨脹，而褐色等明度較低的暗色則在視覺上造成後退、收縮，營造出臉型立體感。因此針對T字部位（額頭、鼻樑、和下巴）作明色修飾，自然漸層地加強色彩前進的化妝視覺效果，為臉形修飾的技巧。

圖6.2 臉部繪有三白妝，於前額、鼻樑、下巴塗白。唐 懿德太子李重潤墓石槨壁畫，墓址在陝西乾縣城北的韓家堡，1971年發掘（局部）。

五、杏核眼妝

　　五官當中，眼睛的修飾一向是現代化妝的重點，所謂「美目盼兮」是《詩經》對於靈活雙眸的讚頌。與西方人深邃的眼窩輪廓有些不同，東方人的眼形常以狹長形狀著稱，有單眼皮眼形，例如兵馬俑者，有丹鳳眼形，如鳳鳥眼形眼尾上揚，而古代典籍裡描述娟秀美人的美目代表，為杏核眼形，如桃杏核果圓而大者。在現代婦容美貌流行標準下，更是以圓而晶亮的雙眼皮大眼，如此眼形如同古代美目「杏核眼」，是符合現代美眼的容貌美。

　　杏核眼妝，以桃杏核果形狀為例，形容眼睛的形狀大而且較圓，眼尾較長而且上翹，柔和的弧度曲線，有明顯雙眼皮，是古今中外的標準美眼。古代傳統話本中描述女子美的詠讚，引入「**杏核眼、柳葉眉、櫻桃小口一點紅、楊柳細腰**」等，以自然物描述美人的特徵。在古典詩詞文學也以「杏眼圓睜」形容美人驚訝的表情，表示眼睛又圓又大的專注神情。

　　「杏核眼妝」對於女性魅力而言，是美目的象徵，性格方面也較傾向感覺敏銳，活潑熱情，例如古典文學《紅樓夢》裡的王熙鳳便有一雙靈活的杏核大眼，在角色上是屬害聰穎的女子。因此「靈魂之窗」配合眉形的變化，一直是化妝的重點項目，古代婦女也以胭脂輕染眼睛的周圍，來樹立年輕美貌的風采。西方文明初期埃及人便製作各種的化妝顏料來擴大眼睛的輪廓，例如以銻墨描繪寬長的眼線，研磨五彩的礦石製成眼影等，重視眼部的精神表現，是古今東西方共同的審美觀。

六、 愁眉啼妝

　　婦女妝扮特色經常與時代形象和國勢強弱有關，化妝與服裝的多變、豔麗或素雅受社會環境思想自由開放的程度影響，體態的豐腴和纖瘦也多有不同的審美標準。對於「愁眉啼妝」的起源可追溯到漢代，根據記載東漢歷史的典籍《後漢書》〈五行志‧第十三〉當中，對所謂當時的流行妝式「愁眉啼妝」描述：

「桓帝元嘉中，京都婦女作愁眉、啼妝、墮馬髻、折要步、齲齒笑。所謂愁眉者，細而曲折。啼妝者，薄飾目下，若啼處，墮馬髻者，作一邊，折要步者，足不在體下，齲齒笑者，若齒痛，樂不欣欣。」

相傳始作「愁眉啼妝」者乃是大將軍梁冀家所為，將軍夫人孫壽的創意化妝，「愁眉啼妝、墮馬髻、折要步、齲齒笑」的現象，京都（首都）隨之風靡一時，諸夏（中原地區）皆倣效之。

　　「西施捧心，孫壽折腰」是中國著名的諺語，當時權重一時的大將軍梁冀的夫人孫壽容貌美豔，喜愛作變化各種新奇形式的妝扮，表現風情萬種的姿態。當中的「愁眉啼妝」是下眼瞼處薄塗亮白，像是剛哭泣過含淚楚楚可憐般的化妝，「墮馬髻」是指髮型，髮髻傾向一邊宛如從馬背上翻落，「折要步」則是一種彆扭的步行法，而「齲齒笑」是像齲齒牙疼時遮掩的笑容。這些新奇的妝扮，在一向是時尚名媛的將軍夫人所創作，一時之間京都洛陽城中到處行走著愁眉啼妝的仕女，蔚為流行，甚至延續到隋唐時期。

　　婦女故作「愁眉啼妝」在東漢末年雖然流行一時，卻招來許多不佳的評論，一直到唐代觀念較為開放，化妝與服裝也較其他朝代時髦多變化，顯露出富強自由的時代，各種新穎的化妝形式也較廣為大眾接受，因此，唐代詩人白居易在

詩句《時世妝》所描述「愁眉啼妝」似含悲啼的妝容，才能成為時尚的化妝之列。其詩提到：

「時世妝，…烏膏注唇唇似泥，雙眉畫作八字低，妍媸黑白失體態，妝成盡似含悲啼。」

愁眉俗稱八字眉型，向外兩側低垂，眉尾下降至比眉頭低，狀似國字「八」，這種眉形細而長，在古代流行久遠，於各種爭奇鬥豔的流行眉式當中獨樹一格。啼妝即在眼睛下方下眼瞼處塗白的妝飾，這樣的化妝法，看起來好像眼睛隱約閃著淚光，使眼睛更明亮有神，面容楚楚動人之姿。因此愁眉、啼妝、烏膏注唇，以表現哀愁感的化妝方式，反而是當時最時髦的時世妝。

歷史上延續「愁眉啼妝」的時世妝，相似的還有「淚妝」。兩者之間有些微差異，前者「啼妝」是「薄飾目下」，在眼睛下方下眼瞼處塗白的妝飾；後者「淚妝」則是在眼尾處點白色，或畫白色於兩側臉頰，來製造流淚的妝感。關於「淚妝」的記載為五代後周王仁裕《開元天寶遺事》：

「宮中嬪妃輩施素扮於兩頰，相號為淚妝。」

另外《宋史·五行志》也說：

「理宗朝宮妃……粉點眼角，名淚妝。」

說明隋唐五代以來妝扮的種種逸事。

愁眉在歷史上流行久遠，下斜走勢的線條，又稱下垂眉。古人視眉目為精神元命的象徵，畫眉的風氣在東方社會特別興盛，而八字型的愁眉與憂愁含悲的啼妝，與傳統社會以溫柔婉約、情感含蓄不隨意顯露的婦德形象表現相比，就顯得十分特別。

七、 額黃妝

「額黃妝」是中國古代著名的化妝方式，顧名思義是指以金黃色妝點額頭部位著稱，以黃色或金色調和暈染在臉上作為化妝的主要色彩。金黃兩色在色彩學上的意向是象徵光明與希望，屬於高明度和高注目性色彩，在古代代表尊貴和權威。額黃妝在表現的花樣與形式上十分多樣化，有的以黃色妝粉暈染額頭局部或全部，進而以黃色顏料勾繪花鈿圖樣於前額眉心處，或搭配以裁剪成黃色花片黏貼，以增添額頭眉宇之間的生動與美感。

額黃妝古代又稱「鴉黃妝」，起初盛行於魏晉南北朝，一般說法認為與佛教信仰傳入中國有關。南北朝時佛教在中國進入盛期，崇佛的熱潮非常興盛，到處可見鑿石窟，造佛像，建寺院，造浮屠，婦女在金色佛像上得到啟示，而以黃色顏料暈染或妝飾額頭。魏晉南北朝時期婦女作額黃妝，漸成風習，南朝簡文帝《美女篇》：

「約黃能效月，裁金巧作星。」

約黃效月，就是額黃的化妝方式，指女子在前額髮際塗黃粉以為妝飾。梁簡文帝《戲贈麗人》：

「同安鬟裡撥，異作額間黃。」

到了唐代仍盛行，李商隱《蝶》詩可見：

「壽陽公主嫁時妝，八字宮眉捧額黃。」

描述公主出嫁時以額黃妝作為尊貴而正式的皇家婚禮的新娘化妝，在八字形鴛鴦眉之間點綴暈染額黃妝飾。

額黃妝增添額頭眉宇之間的風采，主要位置是在臉上以黃色妝粉暈染額頭全部，漸層化開，或局部暈染。如唐代著名詩人李商隱《酬崔八早梅有贈兼示之作》詩云：

「何處拂胸資蝶粉，幾時塗額借蜂黃。」

當中詩詞「蝶粉」、「蜂黃」也是形容仕女使用粉妝與顏色的情形，而塗額蜂黃正是面飾「額黃妝」的情景。

中國的外邦遼國，也有相關在臉部彩繪黃色的習俗，根據張芸叟《使遼錄》（收於明代永樂大典·卷之六千五百二十三）：

「胡婦以黃物塗面如金，謂之佛妝。」

為何稱為佛妝，與遼初太祖（耶律阿保機872~926）和太宗推行佛教信仰有關，在政治、文化、經濟和生活方面都受佛教影響，深植於契丹（遼國）社會。崇尚黃妝，在某種程度上反映了遼國女性對於佛的妙相莊嚴之美的追求，這種本源於魏晉南北朝的額黃妝，卻很少見於宋代畫作或詩詞。

額黃妝引起在額頭彩繪裝飾的風尚，日後加入一些花樣圖騰，或以黃色材料如金箔、絲綢、色紙剪貼，黏貼於額頭間，名為「貼花黃」。北朝《樂府詩集》〈木蘭詩〉中形容女子裝扮的詩句：

「臨窗理雲鬢，對鏡貼花黃。」

可見額黃妝由額部位暈染黃色，轉變以黃色材料黏貼，後來花飾圖樣由額頭延伸至臉部其他部位黏貼，甚至貼得滿臉花鈿，十分花俏。直至今日，現代彩妝也喜愛使用金色、明黃等色作為開運化妝的色彩，在經典化妝式樣中，額黃妝具有尊貴的意義與神聖的象徵。

八、 花鈿妝

古代中國在化妝方面非常講究，以搭配整體髮型與服裝，尤其是宮廷諸侯在許多重要典禮，注重整體的服裝與化妝飾品等禮儀，在化妝方面會加上面靨和花鈿的彩飾圖樣，以呈現華麗尊貴的形象。尤其在唐朝時期，妝容濃豔的特徵可以顯示出其時代的繁榮鼎盛。花鈿（又稱花子）是一種額

圖6.3　額間彩繪有如花朵一般的「花鈿妝」，眉尾略上揚眉形，臉頰薄塗胭脂。唐《舞樂屏風》，新疆維吾爾自治區博物館藏（局部）。

飾，這種在臉上彩繪或黏貼小飾物圖案的化妝方式，名為「花鈿妝」。

關於花鈿的起源始於秦代，據《中華古今注》記載：

「秦始皇好神仙，令宮人梳仙髻，貼五色花子，畫為靈鳳虎飛。」

花鈿式樣圖案色彩種類繁多，因此又名為「五色花子」，相關製品盛行於宮廷，形成華美的妝容。起初的用意為掩飾臉上疤痕等痕跡，而後廣為盛行於民間，變成時髦的象徵。而「花鈿妝」是在額頭彩繪或黏貼有如花朵般圖案，以梅花最為常見，有如一朵紅梅點綴眉心，又名「梅花妝」。其緣由見於宋代四庫全書之高承《事物紀原》〈雜五行書〉：

「南朝宋武帝女壽陽公主，人日臥於含章殿簷下，梅花落額上，成五出花，拂之不去，經三日洗之乃落，宮女奇其異，競傚之。」

其文意是說，在南朝宋武帝的女兒壽陽公主在小憩時，微風將梅花花瓣吹到公主的額頭上，看起來很好看，為仕女們所效仿。

到了唐代，婦女在額頭上使用花鈿妝式的情形相當普遍，有染畫的樣式，有呵膠貼黏的方式，花樣款式與色彩材質多彩多姿，形形色色的圖樣點綴在額頭上，有如盛開的美麗花朵，更添嬌媚，成為時尚趨勢。到了宋代，花鈿妝飾的風氣依然可見，詞人汪藻在《醉花魄》中形容：

「小舟簾隙，家人半露梅妝額，綠雲低映花如刻。」

花鈿妝的圖樣除了五瓣梅花狀之外，用薄金片等材料剪成星、月、花、葉、鳥、蟲等形狀貼在額間，以各種材料製成貼紙花鈿用於妝飾臉部，色彩方面以鮮豔的配色為人所喜

愛，花鈿的顏色多為金黃、翠綠、豔紅等色。最簡單的花鈿
只是一個小小的圓點，複雜的則以金箔片、黑光紙、魚鰓
骨、螺鈿 以及雲母片等材料剪製成各種花朵之狀，其中尤以
梅花為多，以承梅花妝之意。最別緻的為「翠鈿」，它是以
各種翠鳥的羽毛製成，整個飾物都呈現出翠綠色，其圖案也
是各式各樣，如牛角、似扇面、若桃子等等，大小不一的圖
式變化，展現活潑的美麗風情，「花鈿妝」在中國古代社會
代表一段經典時代的繁榮。

九、 面靨妝

　　「面靨妝」是指臉上的花狀飾物，為嘴角兩側臉頰笑窩的位置的妝飾，古時又稱「妝靨」。最常見的面靨妝是以胭脂去點染嘴角旁兩點，盛唐以前妝靨大多畫成如黃豆般大小的兩個圓點，往後面靨的式樣更為豐富，有的形如錢幣，稱為「**錢點**」；有形如桃杏，稱為「**杏靨**」；有形如花卉圖案，稱為「**花靨**」。五代以後花鈿面靨等臉上的圖案裝飾日趨繁複，圓形、杏圓形或月牙形，甚至貼畫得滿臉都是。唐代妝靨正時興，唐詩中經常出現描述這種妝飾的詩句，如「**醉圓雙媚靨**」（元稹詩）、「**杏小雙圓靨**」（吳融詩），直到五代、宋時仍然流行，尤其是在宮廷貴族仕女中，爭奇鬥豔滿面貼花，所謂「虛飾無度，以奇為貴」，是對這一時期婦女妝靨的生動寫照。

圖6.4　嘴角兩側臉頰圓點面靨。
唐 女俑頭像，遼寧旅順博物館藏（局部）。

有許多人鍾愛微笑時嘴角掛著酒窩，因為這樣的笑帶著一種特別的魅力，讓微笑成了觀賞者的另一種視覺欣賞。中國古代詩人的詩句中，把酒窩作為女性容貌美的象徵，頰部酒窩被東方女性認為是美的點綴，被西方人看作是女性魅力的標記。「面靨」，又稱酒渦，是指面部皮膚上的小凹陷，多在笑時出現，所以又稱笑渦。「面靨妝」則是古代婦女在嘴角兩旁笑渦處所做的裝飾，所以也稱「笑靨」。臉上的笑渦讓人感覺到可愛、俏皮的感覺，為「巧笑倩兮」美的特色之一。諺語「笑靨如花」，是指美女笑的時候，那酒渦的形態同花朵一樣迷人，使人增豔不少，然而並不是人人天生就有笑渦，因此面靨就是塗於笑渦處的一種妝飾。

關於面靨妝的起源還有另一個說法，傳說這種化妝法起源於三國時代東吳，為一段動人的故事。東吳太子孫和寵愛鄧夫人，孫和有一次醉酒，揮舞如意，不小心傷著鄧夫人的臉頰，孫和命令太醫開藥，太醫說得用白獺的骨髓與琥珀屑混合在一起，才能不留下疤痕。孫和於是命人用百金購得材料做成藥膏，由於琥珀屑添多了，等到傷口痊癒，疤痕並沒有消失，在臉上留下了像痣一樣的紅點，其他宮女也仿效在臉上點紅點，成為流行。唐代文人段成式《酉陽雜俎》記載許多奇聞軼事，文內提到此段說明緣由：

「如射月者，謂之黃星靨。靨鈿之名，蓋自吳孫和誤傷鄧夫人頰，醫以白獺髓合膏，琥珀太多，痕不滅，有赤點，更益其妍……以丹青點頰，此其始也。」

「面靨」通常用胭脂點染，婦女化妝以圓形的圓靨最為普遍，詩人們提到假靨，往往提示女性笑容的嬌媚。「**翠鈿貼靨輕如笑**」（徐氏花蕊夫人《全唐詩》卷七九八），說翠鈿貼出的假靨「輕如笑」。「**星靨笑偎霞臉畔**」說如星的金靨彷彿是「笑偎」在粉腮上。這正是當時仕女點貼假靨的風情，人不笑時，妝靨卻使得人兒似乎在笑；人笑了，妝靨又來助笑，為笑容更增添一番神態。

十、 斜紅妝

「斜紅妝」是古代女子繪於臉頰靠近鬢髮處的一種面妝。依據唐代文人張泌所撰《妝樓記》，提到「斜紅妝」源自三國時代魏文帝曹丕時宮中仕女流行的化妝樣式，以胭脂在兩鬢頰部彩繪的裝飾花紋，有的狀似朝霞般不規則花紋，又稱曉霞妝。但最為常見的花紋為新月形，流行一時，甚至到

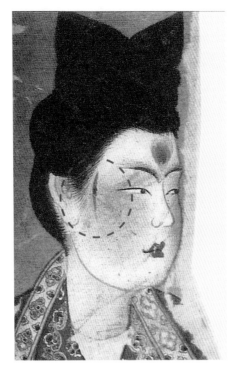

圖6.5　臉頰外側彩繪紅彩花樣（斜紅妝飾），面容薄塗胭脂。唐《舞樂屏風》，新疆維吾爾自治區博物館藏（局部）。

宋代仍可見於帝后畫像中以珍珠裝飾鬢髮前作斜紅妝。古代仕女在臉上彩繪點染胭脂或黏貼花鈿，區分為前額、眉心、嘴角兩旁、太陽穴下方兩鬢前等處，而有不同名稱以為妝飾，分別是額黃、花鈿、面靨、斜紅等名稱。

《妝樓記》記載：

「夜來初入魏宮，一夕，文帝在燈下詠，以水晶七尺屏風障之。夜來至，不覺面觸屏上，傷處如曉霞將散，自是宮人俱用胭脂仿畫，名曉霞妝。」

文內敘述三國時深受魏文帝曹丕喜愛的宮女薛夜來，在一夜魏文帝讀書時，薛夜來走進時，不留意撞上了用以相隔的水晶屏風，臉頰受傷部分的傷痕，彷彿紅色朝霞散開。文帝對她依然憐愛，其他宮女覺得樣子頗美，也模仿起她的傷痕，在臉頰外側鬢髮前處，以胭脂畫上長且微彎的血痕，此即是「斜紅」的由來與傳說。

斜紅妝在歷史上風行數百年之久，經常出現在傳統人物繪畫作品和彩色陶俑上，歷朝的文人詩人對於女性臉上的斜紅妝容也多有詩詠之作。如南朝《玉臺新詠》卷七，蕭綱《豔歌十八韻》：

「分妝見淺靨，繞臉傳斜紅。」

唐代詩人羅虯《比紅兒詩》第十七：

「一抹濃紅傍臉斜，妝成不語獨攀花。」

傍臉的斜紅，便是指斜紅妝。

斜紅是面頰上的一種妝飾，其形如月牙，色澤鮮紅，分列於面頰外側、鬢髮旁。唐代婦女臉上的斜紅，一般都描繪在太陽穴下方臉頰部位，工整者形如弦月，繁雜者狀似傷痕，為了造成殘破之感，有時還特在其下方用胭脂暈染成血跡模樣。到了今天，由於人們對美追求的多元化，這種藉化妝造成的傷痕美，又在戲劇效果的妝面上復興了。

圖6.6 頭頂花釵冠，眉心部分和臉頰外側妝飾珍珠花鈿，臉上有三白妝（額、鼻、下巴塗白）。宋人佚名，《宋仁宗皇后像》，臺北故宮博物院藏（局部）。

十一、 珍珠花鈿妝

「珍珠花鈿妝」是以珍珠做成花鈿，黏貼在臉上做為妝飾，以宋代宮廷最為盛行。在額頭和兩頰間貼上花鈿圖樣裝飾的習俗，廣受貴婦的喜愛，不同的是宋代文人當政，偏愛儒文素雅的氣質，於是從隋唐五代以來，各種以豐富顏色與式樣流行的花鈿面靨逐漸式微，改以珍珠翠玉寶石等作為黏貼在臉上的「花鈿妝」。珍珠在宋代宮廷備受重視，「珍珠花鈿妝」更是做為后妃身分表徵，衣著面飾以綴飾珠寶的多寡來定尊卑。

臺北故宮名畫《宋仁宗皇后像》，畫中女子為宋朝宮中女官，頭頂花釵冠，滿飾珠花玉鈿，面飾「珍珠花鈿」。分別位於前額眉心位置和鬢髮前面頰，貼飾珍珠數粒，而兩眉向外側漸

暈開擴散眉形，特有一番華美氣質，成為宋代時期經典的化妝款式。

珍珠在宋代備受歡迎，朝廷貴婦佩戴玉石珠寶裝飾的「花釵冠」，衣著以寬袖禮服，官服冠式都很華麗。面容飾以當時尊貴化妝樣式，額畫闊暈長眉、飾珍珠花鈿，嘴角兩旁貼以珍珠面靨妝飾，臉頰外側貼有珍珠斜紅妝飾，珍珠耳飾，薄施胭脂等。珍珠潔白稀有，象徵光明高貴。

十二、 慵來妝

「慵來妝」一詞出自漢朝伶玄所撰《趙飛燕外傳》，雖然這是一本類似雜錄的言情小說古籍，當中慵來妝卻成為傳說中漢代婦女化妝的經典名詞。根據文本所載，趙飛燕的妹妹趙合德妝扮美麗進宮面聖：

「合德新沐，膏九回沉水香，為卷髮，號新髻，為薄眉，號遠山黛，施小朱，號慵來妝。」

由於趙氏姊妹極善妝容，創作了新奇的妝型，以淡抹胭脂修飾的慵來妝，襯倦慵的姿態之美。從漢語字典來看，「慵來妝」一詞乃是形容慵眠懶起，倦怠梳妝而顯出的嬌柔姿態，換言之，有如剛起床時倦慵朦朧的樣子。受漢成帝寵愛的妃子趙合德，以遠山般薄眉、薄施胭脂淡妝、有如慵眠起時慵懶嬌柔的美感，這種淡妝便是有名的「慵來妝」。

中國古代統治者妻妾成群由來已久，後宮佳麗往往在容貌化妝費盡心思，為求美貌能博君主之寵愛於一身。慵來妝根據上文，說明該妝屬於不特意正式盛裝打扮，以顯出慵懶嬌柔的樣貌。從「梳新髻」、「為薄眉」、「施小朱」，來看淡描眉黛、輕掃胭脂等訊息，可看出「慵來妝」在整體感上屬於淡妝。所謂「遠山黛」，眉色輕柔，眉形曲線有如遠山含笑、蜿蜒有緻的溫柔線條；「施小朱」，是指輕抹胭脂的紅妝，增添紅潤氣色。

傳說中的經典化妝「慵來妝」並未見於漢代正史之中，漢成帝寵妃趙合德淡描胭脂，以慵來妝面見皇帝，一舉成名。趙合德是漢成帝皇后趙飛燕的妹妹，漢嘉鴻三年，成帝微服出巡，見當時是歌女的趙飛燕豔麗非常，便召她入宮，寵愛有加。不久成帝又召其妹趙合德入宮，姐妹二人極得恩寵。趙合德體態豐盈，極擅妝容，創作了很多新奇的妝型。如淡掃胭脂的慵來妝，淡妝襯倦慵柔情之美，薄施朱粉，淺畫雙眉，鬢髮蓬鬆而捲曲，給人以慵懶嫵媚之感。「女為悅己者容」，愛美是人的天性，展現風情萬種古今皆然。

十三、 酒暈妝

「酒暈妝」是唐代婦女的一種經典化妝，唐宇文氏《妝臺記》記載：

「美人妝面，既傅粉，復以胭脂調勻掌中，施之兩頰，濃者為酒暈妝，淺者為桃花妝。」

在古代中國紅妝一詞形同婦女的代名詞，婦女使用胭脂來妝點臉頰，紅顏表示身體健康氣色紅潤的青春之美，有如現代腮紅的化妝材料。古代對於女子的審美，紅妝是美顏的必備條件，女性將胭脂置於手掌心調勻後塗在臉頰上，顏色濃的稱為酒暈妝。唐代婦女的化妝有些較偏紅豔，宛如酒醉臉紅一般。宋代的傳奇小說《驪山記》形容楊貴妃：

「目長且媚，回顧射人，眉若遠山翠，臉若秋蓮紅，肌豐而有餘，體妖而婉淑。」

當中「臉若秋蓮紅」，便是酒暈紅妝的寫照。

胭脂粉妝塗佈在臉頰以增加紅潤氣色的美感，色彩及濃淡變化多端，有的淡淡的在頰部暈開，有如桃花一般，故名「桃花妝」。有的顏色較濃，色彩擴大到眉眼之間及嘴角旁，有如酒暈般紅潤，故名「酒暈妝」。在畫眉方面，唐朝眉形流行短闊形、寬廣形、尖頭闊尾等眉式，也是歷朝以來

獨創的款式，具特殊風韻。比較特別的
眉式有如兩片對稱的羽葉，名為桂葉眉
形，在盛唐時期流行，可見仕女們豐腴
濃豔的妝扮，展現嫵媚風情。

酒暈妝加重臉頰上的胭脂色彩，
看起來宛若醉酒的樣子，因此又稱為
「醉妝」，是流行於隨唐五代時期的一
種經典妝式。《新五代史·前蜀世家》
記載：

**「而後官皆戴金蓮花冠，衣道士服，酒
酣免冠，其髻鬌然，更施朱粉，號「醉
妝」，國中之人皆效之。」**

圖6.7　臉上施以胭脂增豔紅潤，狀似酒暈。
唐《奕棋仕女圖》，新疆維吾爾自治區博物館藏（局部）。

當中說明「更施朱粉」便是雙倍加重臉上胭脂紅妝的分量，
像是酒醉的臉紅一般，而後流行開來，廣受愛美的仕女歡迎
喜愛的化妝形式。

但是對於一些喜愛素雅妝束的文人，對於當時社會上普
遍流行的「滿臉花鈿面靨」、「濃重胭脂施臉頰」的化妝熱
潮不以為然，認為是縱放歡愉享樂的現象，會導致社會風氣
敗壞，國勢衰退，而對此現象抱持反對意見。如唐代尚書劉
纂向皇帝上奏摺：

**「下之從上，如風偃草。以仁義理法化之，則為謹願之行。
以驕奢淫佚化之，則為狂薄之俗。今一國之人，皆效醉妝。
臣恐邦基頹然，如人之醉，而不可支持也。」**

便是對於酒暈醉妝的貶抑之詞。

十四、 檀暈妝

「檀暈妝」是古代婦女的化妝法，先將胭脂與鉛白相調
合，成為檀紅色（粉紅色），然後塗抹於臉頰上成為淡而自
然紅潤的妝感。在整體上屬於勻稱的色彩，能給人一種莊重

文雅的感覺。不同的年紀通常有不同處理胭脂的方式，成年婦女都喜愛莊重、文靜又不失潮流的裝飾，故常把胭脂與鉛白粉混合，兩步驟簡化成一步驟的直接塗抹於面頰，使之變成檀紅色，古稱「檀暈妝」。檀色化妝一詞在宋朝文學時常有記載，如敦煌曲子《柳青娘》：

「故著胭脂輕輕染，但施檀色注歌唇。」

另外，宋代蘇軾《次韻楊公濟奉議梅花》之九：

「鮫綃剪碎玉簪輕，檀暈妝成雪月明。」

不同於胭脂的豔紅，檀色為淺色素雅的胭脂紅，宋代儒學的興盛，宣揚研究心性義理，社會風氣注重禮教規範，使得中國在宋代的審美觀點在樸素中力求淡雅有韻，不只在詩詞繪畫以古典的形式表現豐富的內容，色彩也趨向清雅樸素，不像唐代色彩濃豔、金碧輝煌。這種崇尚文雅的美學意識，也反映到時尚流行的儀容妝飾上，明顯傾向淡雅端莊，和唐代華麗多變花樣的妝飾服裝比較起來，可以說是前後兩個朝代對美截然不同的詮釋。

仕女在日常生活的妝扮也表現秀美雅緻，纖細的身材，素雅的五官妝容，年輕的淑女將頭髮分股結鬟，轉旋盤疊出優雅有如「靈蛇」的髮髻，再飾以絲帶、珠翠、步搖，面容清秀素淨，只作淡妝修飾，而「檀暈妝」便是這類素雅自然妝感的淡妝。在時尚裝扮的審美方面，比較唐朝婦女豔麗的妝飾儀容，明清時代婦女則較少在臉部妝貼花鈿、面靨等花樣，而是偏向秀美、清麗的造型。當時人們欣賞女性外在美的觀點，「雞卵臉，柳葉眉，鯉魚嘴，蔥管鼻」，纖細優雅的五官在明清時代的帝后圖像或畫作資料可以看到。

十五、 飛霞妝

使用胭脂畫紅顏，紅妝的濃淡深淺各有巧妙應用，不同的年紀通常有不同處理胭脂的方式，年輕的婦女擅於變化

「紅妝」，顏色濃的有狀似酒醉臉紅的「酒暈妝」，顏色較淡的有淺紅的「桃花妝」，成年婦女較喜愛莊重、文雅又不失潮流的檀紅色—即粉紅色的「檀暈妝」，也有在臉頰上薄施胭脂再鋪上一層粉白，造成一種朦朧的效果，狀似天上飛霞薄暮的「飛霞妝」。

　　胭脂紅妝的典故在歷史由來久遠，因此有多種的式樣變化。根據明代李時珍在《本草綱目》中的說法，胭脂紅花是漢代張騫通西域時，所傳進的物種，且描述染出的色相叫做「真紅」，又稱為紅藍花、燕脂花、臙脂花…等名。原產地是在現今的埃及、中亞、西亞、美索不達米亞平原，在日本也被叫做「末摘花」，也傳說是由韓國所傳進的緣故，而稱之為「韓紅花」。花的色素以黃色和紅色較多，提煉花瓣色素製成繪畫顏料、染料，和婦女化妝品色料，調和油脂後，製出口紅或腮紅的化妝品胭脂，因此也被叫做胭脂花。

　　胭脂出現於較早的歷史文獻資料，收錄於《史記》和《漢書》中的《西河故事》裡，記載漢武帝時期（西元前121年）時西漢驃騎大將軍霍去病的出征，將當時的匈奴趕出了曾經是胭脂紅花產地的祁連山脈一帶，也包含了焉支（胭脂）山。匈奴人被趕出了焉支山，因而喪失了製作胭脂的紅花，感嘆說：

「亡我祁連山，使我六畜不繁息；失我焉支山，使我婦女無顏色。」

在《史記索隱》裡，引用《習鑿齒與燕王書》有如下的記載：

「山下有紅藍，足下先知不？北方人探取其花染緋黃，采取其上英鮮者作胭脂，婦人將用為顏色。」

　　化妝上的使用是以粉白畫底妝，再上胭脂紅花的提煉物，得到桃紅色，也稱之為「桃花妝」。以鉛白和胭脂調和

所得到的色相，在宋代稱之為「檀紅」，也就是粉紅色、淺粉紅，也稱為「檀暈妝」。胭脂色彩的豐富與流行，提供婦女在生活美事活動，時時變化新妝的樂趣，深具社會重要性，也使胭脂帶有浪漫和女性化的氛圍。

十六、 桃花妝

「桃花妝」之名源於唐代詩人崔護在《題都城南莊》一詩，提到他巧遇美麗女子的情節，隔年重訪故地，卻大門深鎖女子已人去樓空的故事：

「去年今日此門中，人面桃花相映紅。人面不知何處在，桃花依舊笑春風。」

詩中「人面桃花」成為比喻氣色紅潤明眸美豔宛如桃花般嬌豔的女子，因此桃花妝在古時比喻淡妝的清秀佳人。

古婦女之妝飾，又叫「紅妝」，使之美貌如桃花，故名「桃花面」。紅粉妝飾，在秦始皇時就已遍行宮中，所謂「紅妝翠眉」，便是這時期婦女化妝的特點。至隋朝時加以「桃花面」的美號，便一時風行開去，千百年來未曾間斷。唐代宇文氏《妝臺記》云：

「美人妝面，既傅粉，復以胭脂調勻掌中，施之兩頰，濃者為酒暈妝，淺者為桃花妝。」

桃花於春季開花，花色淡紅、粉紅或白色，古代詩人經常以桃花形容青春女子容貌，意指像桃花一樣的顏色，多用來形容女子的顏面。如「桃夭」是指紅顏嬌女，「桃花人面」形容女子和花都很美，「桃花面」形容女子粉紅色的臉頰美如桃花，而「桃花妝」便是古代女子化妝用胭脂淡抹兩頰，表現紅豔氣色的化妝。因此桃花妝面、紅顏、紅妝等名詞，有如桃花盛開笑迎春風，來形容青春美貌氣色白裡透紅的容貌。

一般而言，桃花妝是指胭脂塗抹得濃度適中，有如桃花一般粉紅的氣色，屬於年輕女子的化妝方式。也有較為紅豔，兩倍胭脂紅的塗抹方式，就稱為酒暈妝，經常見於盛唐樂舞表演女子的人物畫像，屬於較為熟齡女子的化妝方式。在古代以胭脂水粉作「桃花妝」，遍及社會各階層年輕女子，始自漢代張騫出使西域，引進胭脂的材料與栽種紅花為製作胭脂的素材。及至魏晉南北朝以後製作化妝材料的技術日趨精進，發展為鮮白質感細膩的粉妝材料，並加入天然芳香氣味，使得「桃花妝」為婦女增色芬芳，也在歷史經典詩詞與畫作，為文人藝術歌詠津津樂道的題材。

十七、紫粉妝

「紫粉妝」在古代屬於特殊的妝飾，五代《中華古今注》記載，魏文帝時寵愛一位段姓宮女，始「作紫粉拂面」，為此妝源由：

「魏宮人好畫長眉，令作蛾眉、驚鶴髻。魏文帝宮人絕所愛者，有莫瓊樹、薛夜來、陳尚衣、段巧笑，皆日夜在帝側。瓊樹始製為蟬鬢，望之縹緲如蟬翼，故曰蟬鬢。巧笑始以錦衣絲履，作紫粉拂面。尚衣能歌舞，夜來善為衣裳，皆為一時之冠絕。」

中國傳統以紫色象徵華貴的色彩意象，「作紫粉拂面」即以紫粉拂面為化妝材料，屬於特殊的化妝形式，稱「紫粉妝」。

婦女化妝一般以胭脂水粉為材料，主要分為兩類：一類是粉質的，用硃砂一類物質染紅，成了紅粉，也稱朱粉。明代宋應星《天工開物》〈丹青〉篇中對於「紫粉」作法記載並說明：「**紫粉（縓紅色）。**」其「紫粉」呈紫紅色，是一種紅粉化妝材料。

十八、赭面妝

「赭面妝」的風俗出自吐蕃（即藏族的祖先），赭色是指紅褐色，在額頭、面頰、下巴等部位以赭色塗繪線條、點狀、圓形等圖形的特殊習俗。唐代在貞觀以後，伴隨唐代的和番政策，兩民族之間文化交流頻繁，赭面的妝飾奇特，引起婦女的注意與部分模仿。盛唐時期民風開放時髦，赭面妝與花鈿圖案在臉上的裝飾雖然花俏，在歷史上也曾經是有名的化妝款式。

唐代與西域各國的往來友好，與大唐公主和親政策出嫁西域有一定的關聯，即有名的唐代文成公主與吐蕃王聯姻的故事。文成公主入藏時年僅16歲，吐蕃王25歲。《舊唐書》記載聯姻的歷史：

「松贊乾布（吐蕃王）歸國，自以其先未有婚帝女者，乃為公主築一城以誇後世，遂立宮室以居。公主惡國人赭面，弄贊下令國中禁之。」

圖6.8　赭面人物。《都蘭吐番墓》彩繪棺板畫，1999年出土，部分人物白描圖。

吐蕃王為文成公主建城，順文成公主之意禁赭面，為得來不易的嬌妻公主，習華風，請蠶種，及造酒、碾、紙、墨之匠，遣貴族子弟入唐國學習《詩》、《書》，藉以學習漢族儒家文化，促進兩國友好往來。

歷史對於吐蕃時期藏人生活情形與化妝（赭面），及繪畫藝術遺存的認識是極為有限的，只能通過敦煌莫高窟發現的絹和紙張殘畫和一些可能屬於吐蕃時期的石窟壁畫來加以探索「赭面」。中國青海省近年來吐蕃考古的重要史料，發掘出土的都蘭吐蕃墓和郭里木吐蕃墓發現了一批從墓葬中出土的木棺板畫，上面繪有宏大的場景，出現了眾多人物形象和不同的生活描寫，是吐蕃時期美術考古遺存重要的發現。畫中人物無論男女，多人臉上多處塗以紅彩（赭面），位置多在前額、雙臉頰、鼻樑、下巴處，有圓形、條狀、不規則片狀，發掘者以這「赭面」特徵推測為吐蕃人生活形象。

十九、半面妝

半面妝的典故來自中國**魏晉南北朝**之南朝梁元帝宮廷歷史故事，梁元帝的皇妃<u>徐昭佩</u>以臉上妝容「**半面妝**」著名。徐妃為梁朝侍中信武將軍<u>徐琨</u>的女兒，為出身名門淑女，容貌姿色佳，因此受選入宮成為梁元帝的皇妃。兩人相處一向不和睦，經常藉故不與徐妃相處，長久以來徐妃心生不滿。由於梁元帝一眼失明，於是徐妃每每知道梁元帝將到，僅以半面妝（即半面化妝，半面未妝）接待元帝。一日，徐妃只半面化妝的事情被元帝發現，於是認為徐妃有意污辱他一眼盲看不到，因此元帝大怒，從此心存芥蒂，兩人日漸疏遠。半面妝的緣由可見《南史》〈梁元帝徐妃列傳〉：

「妃無容質，不見禮帝，三二年一入房，妃以帝眇一目，每知帝將至，必為半面妝以俟帝，見則大怒而出。」

根據史書記載，徐妃應是貌美如花，卻十分有個性主見的女子，她不像後宮眾嬪妃拼命逢迎只為皇帝恩寵，在古代，帝王乃是眾人之上，身為妃子自然應該百依百順，如履薄冰。然而，徐妃的許多任性的行徑，例如半面妝的作法，在封建思想的古代較為少見。由此而來，徐妃半面妝名聞天下，唐代詩人李商隱《南朝》詩曰：

「地險悠悠天險常，金陵王氣應瑤光，休誇此地分天下，只得徐妃半面妝。」

現代性別平等的觀念已有很大的進步，以往社會女性多處於弱勢，而徐妃特異獨行的對皇帝不敬，或許起因長久的忍耐與埋怨，然而終老為此而付出相互折磨的代價。

半面妝訴說著徐妃一生的故事，雖然與帝不合被打入冷宮，然而天生麗質的名門淑女，在歷史上徐妃的美貌仍是頗有名氣。例如「徐娘半老，風韻猶存」，便是指徐妃雖然年紀大了，仍然美麗如昔，後來「徐娘半老」也說明熟齡婦女仍精心打扮永保美麗的意思。

二十、北苑妝

「北苑妝」是南唐宮廷婦女的一種化妝方式，指貼金色圖案和花鈿於臉上，畫淡妝，多見於宮娥嬪妃。根據宋陶穀《清異錄》〈妝飾〉記載：

「江南晚季，建陽進油茶花子，大小形制各別，極可愛，宮嬪縷金於面，皆以淡妝，以此花餅（花鈿）施於額上，時號北苑妝。」

清代陳孟楷《湘煙小錄》收錄陳麗婑〈紫姬哀詞〉：

「楊柳南朝樹，芙蓉北苑妝。」

所謂「縷金於面」，以金絲為飾和金箔等材質製成，表面縷畫各種圖紋，以金箔金縷線為材料妝飾面容，象徵皇家富貴。

探討「北苑妝」的緣由，據說創始者是南唐後主<u>李煜</u>在位十五年，世稱李後主。他嗣位的時候，宋已於北方建國，苟安於江南一隅，之後宋太祖遣兵攻打南唐，李後主被俘到汴京。歷史上，李後主頗有詩詞文采，前期風格綺麗柔靡，亡國後的軟禁生涯中，後期詞作淒涼悲壯，意境深遠，為詞史上承前啟後的宗師。

北苑妝是由李後主與小周皇后所創，作為李後主最寵愛的妻子，小周皇后儼然是南唐的時尚教主。例如小周皇后偏愛綠色，常常一襲碧衣，飄若仙子，青碧色很快就成為南唐的流行色，宮廷仕女都紛紛穿起綠色衣服。李後主不僅詩詞造詣高，對皇后的服飾妝容也是頗有品味美感，親自打造百花「北苑妝」，使妃嬪宮女淡妝素服，縷金於面，運用形狀各異大小不一的花鈿，裝點在額上。

圖6.9 滿飾花鈿，花鈿分佈對稱且華麗，飾面部位有前額、太陽穴位置、兩頰外側（斜紅妝位置）、臉頰中央、嘴角兩側笑窩位置等妝飾。
五代《于闐公主與眷屬供養像》，敦煌石窟第61窟壁畫（局部）。

於是宮廷之內人人身著樸素衣裳，鬢列金飾，額施花餅，氣質高雅，遠望好似仙女一般，別具風韻。亡國後回味過往歡樂時光，心境就如同<u>李煜</u>《相見歡》：「無言獨上西樓，月如鉤，寂寞梧桐深院鎖清秋。剪不斷，理還亂，是離愁，別有一番滋味在心頭」。

[蛾眉椎髻妝]

[翠眉紅妝]

[鉛白妝]

[三白妝]

[杏核眼妝]

[愁眉啼妝]

[額黃妝]

[花鈿妝]

[面靨妝]

[斜紅妝]

[珍珠花鈿妝]

[慵來妝]

[酒暈妝]

[檀暈妝]

[飛霞妝]

[桃花妝]

[紫粉妝]

[赭面妝]

[半面妝]

[北苑妝]

Portfolio of
Style Design

人體彩繪設計
作品集

[拼圖遊戲]

[眼之魚]

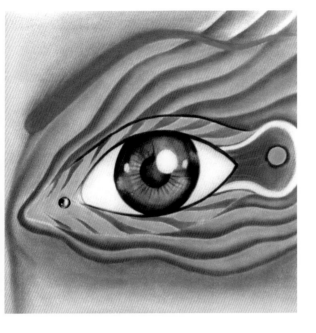

[耳之景]

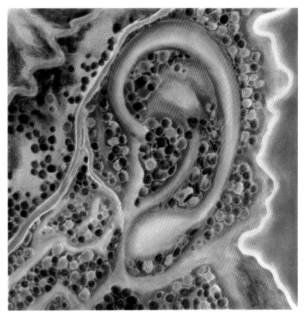

[鼻之果]

[唇之蝶]

[元素系列之金]

[元素系列之木]

[元素系列之水]

[元素系列之火]

[元素系列之土]

[背影系列之山水]

[背影系列之花園]

[背影系列之高山湖泊]

[背影系列之花田]

[飄]

[木石之美]

[古城]

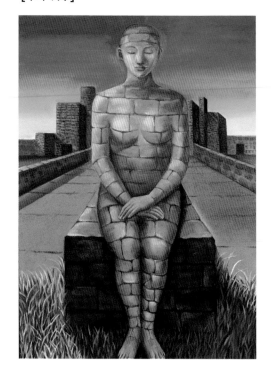

[荒岩]

[人體交錯空間]

[人體空間之遊樂園]

[人體空間之夏夜]

[人體迷宮]

[生命樹]

[人面蝶]

[孔雀造型]

[尋境系列之尋探頂峰]

[尋境系列之峽谷祕境]

[尋境系列之探溯水源頭]

[尋境系列之探討雪國]

[尋境系列之造訪神木村]

[手的觀相－藍鵲]

[手的觀相－熱帶魚]

[手的觀相－春花報喜]

[自然造型之星球]

[自然造型之猛獸]

[自然造型之氣象]

[幻]

參考文獻 | References

- 鏡子—美的歷史，Dominique Paquet 原著，楊啟嵐譯，時報文化出版。

- 中國藝術史，蘇立文著，曾堉、王寶連編譯，南天書局。

- 藝術鑑賞入門，Jim R.Matison等原著，曾雅雲譯，雄獅圖書。

- 素描講義，蘇錦皆著，雄獅圖書。

- 藝術的故事，E.H.Gombrich著，曾雅雲譯，聯經出版社。

- 人體解剖，Parramon's Editorial Team著，李姣姿譯，三民書局。

- 中國化妝史概說，李秀蓮著，揚智出版社。

- Developing Artistic and Perceptual Awareness, Donald Herberholz and Barbard Herberholz, 6th ed., Wm.C.Brown Publishers.

- 《國際美容造型雜誌》，儂華國際公司發行。

- 色彩意象世界，李蕭錕審定，呂月玉‧張榮森編譯，漢藝色研文化出版。

- 再論吐蕃的赭面習俗，李永憲，政大民族學報卷25。

國家圖書館出版品預行編目資料

彩繪造型設計：髮型、化妝、彩繪等整體造型設計畫/
呂姿瑩編著. -- 五版. -- 新北市：新文京開發出版
股份有限公司, 2021.08
　　面；　公分

　ISBN　978-986-430-767-8（平裝）

　1.美容　2.髮型　3.化粧術

425　　　　　　　　　　　　　　　　　110013371

彩繪造型設計－髮型、化妝、彩繪等
整體造型設計畫（第五版）　　　　　　　　（書號：B104e5）

作　者	呂姿瑩
出 版 者	新文京開發出版股份有限公司
地　址	新北市中和區中山路二段 362 號 9 樓
電　話	(02) 2244-8188（代表號）
Ｆ Ａ Ｘ	(02) 2244-8189
郵　撥	1958730-2
初　版	西元 2000 年 12 月 10 日
初版二刷	西元 2004 年 09 月 20 日
二　版	西元 2006 年 08 月 10 日
三　版	西元 2013 年 07 月 15 日
四　版	西元 2016 年 01 月 20 日
五　版	西元 2021 年 08 月 20 日